付録 とりはずしてお使いください。

計算
スタートアップドリル

6年

JN132646

このドリルでは、
5年生で学習した
計算問題を
おさらいします。

年　　組

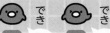
1 次の計算をしましょう。

月　　日

① 　　3.8
　×1.2

② 　0.2 7
　×　4.5

③ 　0.5 4
　×　9.2

④ 　　4.9
　×0.7 8

⑤ 　　8.3
　×4.6 1

⑥ 　　6.5
　×2.7

⑦ 　0.6 8
　×0.7 5

⑧ 　1.2 4
　×0.5 8

⑨ 　0.0 8
　×3.8 9

⑩ 　0.7 3
　×　6.9

2 次の計算を筆算でしましょう。

月　　日

① 5.7×3.4

② 4.6×0.28

③ 1.51×9.8

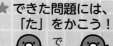
1 次の計算をしましょう。

月　　日

①	5.6 ×3.1	②	2.5 ×4.2	③	0.3 7 × 0.7	④	7.9 ×0.2 8

⑤	4.6 ×3.1 4	⑥	0.1 8 ×0.2 6	⑦	1.5 2 × 7.6	⑧	1 1.8 × 6.4

⑨	2 0.9 × 8.3	⑩	0.6 8 ×4.4 5

2 次の計算を筆算でしましょう。

月　　日

①　0.49×8.5　　　②　6.2×2.73　　　③　5.16×7.34

3 小数×小数 の筆算③

1 次の計算をしましょう。

月　日

①　　4.8
　×8.9

②　　0.6 6
　×　3.5

③　　2 5.3
　×0.8 3

④　　7.5
　×0.4 7

⑤　　0.5 6
　×0.9 4

⑥　　0.0 9
　×0.2 8

⑦　　2.0 6
　×　6.4

⑧　　0.3 5
　×　8.6

⑨　　4 2
　×0.8 7

⑩　　8 1.2
　×5.6 5

2 次の計算を筆算でしましょう。

月　日

①　0.72×5.9

②　3.9×3.64

③　46×1.35

4 小数 ÷ 小数 の筆算

1 次の計算をしましょう。

月　日

① 2.3) 6.9

② 4.3) 5.1 6

③ 0.3) 2.0 7

④ 0.5) 0.8 5

⑤ 7.2) 1 7.2 8

⑥ 2.1) 7.1 4

⑦ 5.8) 4.0 6

⑧ 0.2) 8.0 8

⑨ 6.3) 3 2.1 3

⑩ 0.6 5) 7.8

2 次の計算を筆算でしましょう。

月　日

① 6.84÷0.4

② 91.44÷2.54

③ 98÷2.8

5 わり進む小数の わり算の筆算

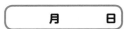
1 次のわり算をわり切れるまで計算しましょう。

月　　日

① 1.5) 3.6

② 3.2) 2.4

③ 7.5) 2 7

④ 2.5) 6

⑤ 2.5) 3.8

⑥ 2.8) 3 5

⑦ 0.5 2) 2.3 4

⑧ 1.5) 9.4 2

2 次の計算を筆算で、わり切れるまでしましょう。

月　　日

① 5.29÷0.46

② 4÷3.2

③ 61.3÷2.5

6 商をがい数で表す小数の わり算の筆算

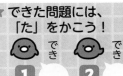
1 商を四捨五入して、$\frac{1}{10}$ の位までのがい数で表しましょう。

月　　日

①
$$4.7\,)\,\overline{6.1\,8}$$

②
$$1.4\,)\,\overline{0.9\,2}$$

③
$$0.7\,)\,\overline{8.2\,4}$$

④
$$3.2\,)\,\overline{5\,2.3}$$

2 商を四捨五入して、上から 2 けたのがい数で表しましょう。

月　　日

①
$$0.6\,)\,\overline{3.9\,2}$$

②
$$1.2\,)\,\overline{0.7\,4}$$

③
$$5.1\,)\,\overline{2\,4}$$

④
$$4.2\,)\,\overline{1\,2\,5}$$

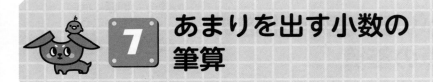
7 あまりを出す小数の筆算

1 商を一の位まで求め、あまりも出しましょう。

月　　日

① 3.4) 8.2

② 0.8) 5.9

③ 0.7) 1 6.4

④ 1.9) 3 5.7

⑤ 2.5) 2 2.1

⑥ 1.7) 7.3 9

⑦ 4.1) 5.0 6

⑧ 2.9) 3 6.2 4

2 商を一の位まで求め、あまりも出しましょう。

月　　日

① 2.3) 5

② 3.6) 1 9

③ 5.4) 8 8

④ 6.3) 4 7

8 分数のたし算

1 次の計算をしましょう。

①　$\dfrac{1}{2} + \dfrac{1}{5}$

②　$\dfrac{3}{4} + \dfrac{1}{6}$

③　$\dfrac{2}{3} + \dfrac{3}{8}$

④　$\dfrac{1}{3} + \dfrac{5}{9}$

⑤　$\dfrac{5}{8} + \dfrac{5}{6}$

⑥　$\dfrac{3}{4} + \dfrac{7}{10}$

2 次の計算をしましょう。

①　$\dfrac{1}{2} + \dfrac{5}{6}$

②　$\dfrac{2}{7} + \dfrac{3}{14}$

③　$\dfrac{2}{15} + \dfrac{7}{10}$

④　$\dfrac{1}{21} + \dfrac{1}{6}$

⑤　$\dfrac{1}{20} + \dfrac{1}{12}$

⑥　$\dfrac{2}{9} + \dfrac{1}{6}$

9 分数のひき算

1 次の計算をしましょう。

① $\dfrac{5}{6} - \dfrac{2}{9}$

② $\dfrac{3}{4} - \dfrac{7}{10}$

③ $\dfrac{5}{6} - \dfrac{1}{8}$

④ $\dfrac{3}{4} - \dfrac{1}{8}$

⑤ $\dfrac{2}{3} - \dfrac{1}{5}$

⑥ $\dfrac{5}{6} - \dfrac{3}{4}$

2 次の計算をしましょう。

① $\dfrac{3}{4} - \dfrac{1}{12}$

② $\dfrac{5}{6} - \dfrac{2}{15}$

③ $\dfrac{11}{20} - \dfrac{5}{12}$

④ $\dfrac{5}{14} - \dfrac{3}{10}$

⑤ $\dfrac{7}{10} - \dfrac{8}{15}$

⑥ $\dfrac{5}{6} - \dfrac{1}{10}$

10 3つの分数の たし算・ひき算

1 次の計算をしましょう。

月 日

① $\dfrac{1}{3} + \dfrac{3}{4} + \dfrac{1}{6}$

② $\dfrac{1}{2} + \dfrac{1}{5} + \dfrac{1}{10}$

③ $\dfrac{2}{3} + \dfrac{1}{6} + \dfrac{4}{9}$

④ $\dfrac{1}{2} - \dfrac{1}{5} - \dfrac{2}{15}$

⑤ $\dfrac{4}{5} - \dfrac{1}{4} - \dfrac{1}{2}$

⑥ $\dfrac{5}{6} - \dfrac{1}{4} - \dfrac{3}{8}$

2 次の計算をしましょう。

月 日

① $\dfrac{1}{4} + \dfrac{5}{6} - \dfrac{7}{9}$

② $\dfrac{1}{2} - \dfrac{1}{5} + \dfrac{1}{6}$

③ $\dfrac{4}{5} + \dfrac{7}{10} - \dfrac{3}{4}$

④ $\dfrac{1}{3} + \dfrac{4}{9} - \dfrac{1}{2}$

⑤ $\dfrac{5}{12} - \dfrac{1}{8} + \dfrac{1}{3}$

⑥ $\dfrac{1}{2} - \dfrac{1}{4} + \dfrac{2}{3}$

11 帯分数のたし算

1 次の計算をしましょう。

月　　日

① $1\frac{1}{3} + \frac{5}{6}$

② $\frac{2}{5} + 2\frac{1}{2}$

③ $1\frac{3}{4} + 3\frac{1}{2}$

④ $3\frac{1}{3} + 2\frac{2}{5}$

2 次の計算をしましょう。

月　　日

① $1\frac{1}{5} + \frac{3}{10}$

② $\frac{5}{6} + 3\frac{1}{2}$

③ $2\frac{5}{6} + \frac{7}{15}$

④ $2\frac{1}{12} + 2\frac{1}{4}$

12 帯分数のひき算

1 次の計算をしましょう。

① $5\dfrac{1}{4} - 2\dfrac{5}{6}$

② $3\dfrac{1}{2} - \dfrac{5}{8}$

③ $3\dfrac{1}{5} - 2\dfrac{3}{10}$

④ $3 - 1\dfrac{2}{5}$

2 次の計算をしましょう。

① $3\dfrac{5}{6} - \dfrac{1}{3}$

② $2\dfrac{5}{6} - 1\dfrac{1}{2}$

③ $1\dfrac{5}{12} - \dfrac{2}{3}$

④ $3\dfrac{3}{10} - 1\dfrac{2}{15}$

1 小数×小数 の筆算①

1 ①4.56　②1.215　③4.968
④3.822　⑤38.263　⑥17.55
⑦0.51　⑧0.7192　⑨0.3112
⑩5.037

2
①
```
    5.7
×   3.4
  2 2 8
1 7 1
1 9.3 8
```
②
```
    4.6
×  0.2 8
  3 6 8
  9 2
1.2 8 8
```
③
```
    1.5 1
×    9.8
1 2 0 8
1 3 5 9
1 4.7 9 8
```

2 小数×小数 の筆算②

1 ①17.36　②10.5　③0.259
④2.212　⑤14.444　⑥0.0468
⑦11.552　⑧75.52　⑨173.47
⑩3.026

2
①
```
    0.4 9
×    8.5
  2 4 5
3 9 2
4.1 6 5
```
②
```
    6.2
×  2.7 3
  1 8 6
4 3 4
1 2 4
1 6.9 2 6
```
③
```
    5.1 6
×   7.3 4
  2 0 6 4
1 5 4 8
3 6 1 2
3 7.8 7 4 4
```

3 小数×小数 の筆算③

1 ①42.72　②2.31　③20.999
④3.525　⑤0.5264　⑥0.0252
⑦13.184　⑧3.01　⑨36.54
⑩458.78

2
①
```
    0.7 2
×   5.9
  6 4 8
3 6 0
4.2 4 8
```
②
```
    3.9
× 3.6 4
  1 5 6
2 3 4
1 1 7
1 4.1 9 6
```
③
```
    4 6
× 1.3 5
  2 3 0
1 3 8
4 6
6 2.1 0
```

4 小数÷小数 の筆算

1 ①3　②1.2　③6.9　④1.7
⑤2.4　⑥3.4　⑦0.7　⑧40.4
⑨5.1　⑩12

2
①
```
         1 7.1
0,4 ) 6,8.4
      4
      2 8
      2 8
        4
        4
        0
```
②
```
          3 6
2,54 ) 91,44
       7 6 2
       1 5 2 4
       1 5 2 4
             0
```
③
```
        3 5
2,8 ) 9 8 0
      8 4
      1 4 0
      1 4 0
          0
```

5 わり進む小数のわり算の筆算

1 ①2.4　②0.75　③3.6
④2.4　⑤1.52　⑥12.5
⑦4.5　⑧6.28

2 ①
```
         1 1.5
 0.4 6 ) 5.2 9
         4 6
         6 9
         4 6
         2 3 0
         2 3 0
             0
```
②
```
         1.2 5
 3.2 ) 4 0
       3 2
         8 0
         6 4
         1 6 0
         1 6 0
             0
```

③
```
         2 4.5 2
 2.5 ) 6 1.3
       5 0
       1 1 3
       1 0 0
         1 3 0
         1 2 5
             5 0
             5 0
              0
```

6 商をがい数で表す小数のわり算の筆算

1 ①約1.3　②約0.7
```
         1.3 1
 4.7 ) 6.1.8
       4 7
       1 4 8
       1 4 1
           7 0
           4 7
           2 3
```
```
         0.6 5
 1.4 ) 0.9.2
         8 4
         8 0
         7 0
         1 0
```

③約11.8　④約16.3
```
         1 1.7 7
 0.7 ) 8.2.4
       7
       1 2
         7
         5 4
         4 9
           5 0
           4 9
            1
```
```
         1 6.3 4
 3.2 ) 5 2.3
       3 2
       2 0 3
       1 9 2
         1 1 0
           9 6
           1 4 0
           1 2 8
             1 2
```

2 ①約6.5　②約0.62　③約4.7
④約30

7 あまりを出す小数の筆算

1 ①2あまり1.4　②7あまり0.3
③23あまり0.3　④18あまり1.5
⑤8あまり2.1　⑥4あまり0.59
⑦1あまり0.96　⑧12あまり1.44

2 ①2あまり0.4　②5あまり1
③16あまり1.6　④7あまり2.9

8 分数のたし算

1 ①$\frac{1}{2}+\frac{1}{5}=\frac{5}{10}+\frac{2}{10}=\frac{7}{10}$

②$\frac{3}{4}+\frac{1}{6}=\frac{9}{12}+\frac{2}{12}=\frac{11}{12}$

③$\frac{2}{3}+\frac{3}{8}=\frac{16}{24}+\frac{9}{24}=\frac{25}{24}\left(1\frac{1}{24}\right)$

④$\frac{1}{3}+\frac{5}{9}=\frac{3}{9}+\frac{5}{9}=\frac{8}{9}$

⑤$\frac{5}{8}+\frac{5}{6}=\frac{15}{24}+\frac{20}{24}=\frac{35}{24}\left(1\frac{11}{24}\right)$

⑥$\frac{3}{4}+\frac{7}{10}=\frac{15}{20}+\frac{14}{20}=\frac{29}{20}\left(1\frac{9}{20}\right)$

2 ①$\frac{4}{3}\left(1\frac{1}{3}\right)$　②$\frac{1}{2}$　③$\frac{5}{6}$　④$\frac{3}{14}$

⑤$\frac{2}{15}$　⑥$\frac{7}{18}$

9 分数のひき算

1 ① $\dfrac{5}{6}-\dfrac{2}{9}=\dfrac{15}{18}-\dfrac{4}{18}=\dfrac{11}{18}$

② $\dfrac{3}{4}-\dfrac{7}{10}=\dfrac{15}{20}-\dfrac{14}{20}=\dfrac{1}{20}$

③ $\dfrac{5}{6}-\dfrac{1}{8}=\dfrac{20}{24}-\dfrac{3}{24}=\dfrac{17}{24}$

④ $\dfrac{3}{4}-\dfrac{1}{8}=\dfrac{6}{8}-\dfrac{1}{8}=\dfrac{5}{8}$

⑤ $\dfrac{2}{3}-\dfrac{1}{5}=\dfrac{10}{15}-\dfrac{3}{15}=\dfrac{7}{15}$

⑥ $\dfrac{5}{6}-\dfrac{3}{4}=\dfrac{10}{12}-\dfrac{9}{12}=\dfrac{1}{12}$

2 ① $\dfrac{2}{3}$ ② $\dfrac{7}{10}$ ③ $\dfrac{2}{15}$ ④ $\dfrac{2}{35}$

⑤ $\dfrac{1}{6}$ ⑥ $\dfrac{11}{15}$

10 3つの分数のたし算・ひき算

1 ① $\dfrac{5}{4}\left(1\dfrac{1}{4}\right)$ ② $\dfrac{4}{5}$ ③ $\dfrac{23}{18}\left(1\dfrac{5}{18}\right)$

④ $\dfrac{1}{6}$ ⑤ $\dfrac{1}{20}$ ⑥ $\dfrac{5}{24}$

2 ① $\dfrac{11}{36}$ ② $\dfrac{7}{15}$ ③ $\dfrac{3}{4}$ ④ $\dfrac{5}{18}$

⑤ $\dfrac{5}{8}$ ⑥ $\dfrac{11}{12}$

11 帯分数のたし算

1 ① $\dfrac{13}{6}\left(2\dfrac{1}{6}\right)$ ② $\dfrac{29}{10}\left(2\dfrac{9}{10}\right)$

③ $\dfrac{21}{4}\left(5\dfrac{1}{4}\right)$ ④ $\dfrac{86}{15}\left(5\dfrac{11}{15}\right)$

2 ① $\dfrac{3}{2}\left(1\dfrac{1}{2}\right)$ ② $\dfrac{13}{3}\left(4\dfrac{1}{3}\right)$

③ $\dfrac{33}{10}\left(3\dfrac{3}{10}\right)$ ④ $\dfrac{13}{3}\left(4\dfrac{1}{3}\right)$

12 帯分数のひき算

1 ① $\dfrac{29}{12}\left(2\dfrac{5}{12}\right)$ ② $\dfrac{23}{8}\left(2\dfrac{7}{8}\right)$

③ $\dfrac{9}{10}$ ④ $\dfrac{8}{5}\left(1\dfrac{3}{5}\right)$

2 ① $\dfrac{7}{2}\left(3\dfrac{1}{2}\right)$ ② $\dfrac{4}{3}\left(1\dfrac{1}{3}\right)$

③ $\dfrac{3}{4}$ ④ $\dfrac{13}{6}\left(2\dfrac{1}{6}\right)$

教科書ぴったりトレーニング

はなまるシール

- ふろくの「がんばり表」に使おう！
- はじめに、キミのおとも犬を選んで、がんばり表にはろう！
- 学習が終わったら、がんばり表に「はなまるシール」をはろう！
- 余ったシールは自由に使ってね。

キミのおとも犬

元気いっぱい お肉大好き！
つっこみ役 みんなの世話係
ちょっとこわがり 最年少
おっとり 読書好き
やさしくて物知り みんなの先生

はなまるシール

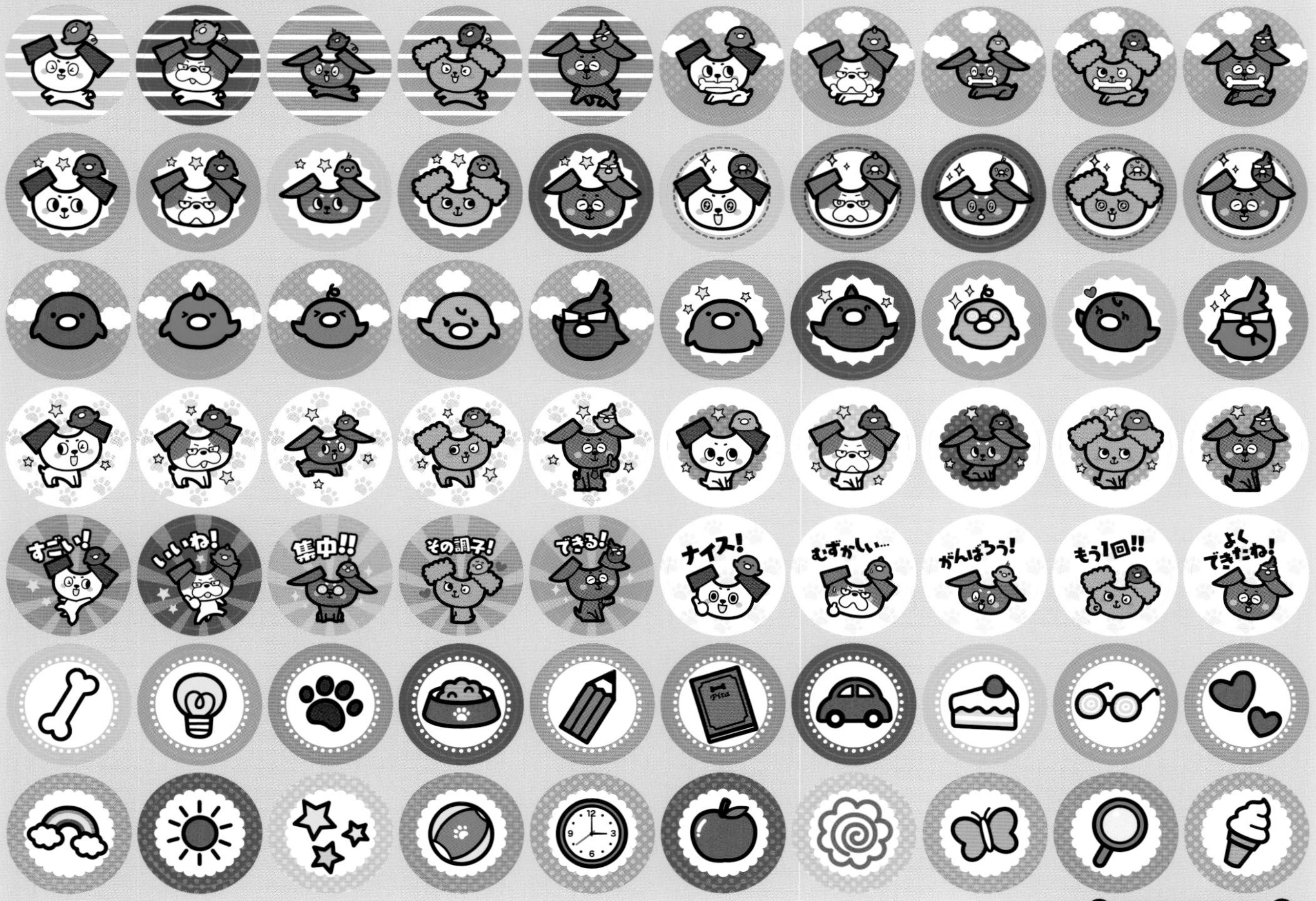

すごい！
いいね！
集中!!
その調子！
できる！
ナイス！
むずかしい…
がんばろう！
もう1回!!
よくできたね！

国語
理科
英語
ABC
算数
社会

ごほうびシール

よくできました

教科書ぴったりトレーニング

計算6年 がんばり表

好きななまえをつけてね！

なまえ

ぴた犬（おとも犬）シールをはろう

シールの中から好きなぴた犬を選ぼう。

いつも見えるところに、この「がんばり表」をはっておこう。
この「ぴたトレ」を学習したら、シールをはろう！
どこまでがんばったかわかるよ。

分数÷分数

32〜33ページ	30〜31ページ	28〜29ページ	26〜27ページ	24〜25ページ	22〜23ページ
できたらシールをはろう	できたらシールをはろう	できたらシールをはろう	できたらシールをはろう	できたらシールをはろう	できたらシールをはろう

分数×分数

20〜21ページ	18〜19ページ	16〜17ページ	14〜15ページ	12〜13ページ	10〜11ページ
できたらシールをはろう	できたらシールをはろう	できたらシールをはろう	できたらシールをはろう	できたらシールをはろう	できたらシールをはろう

分数×整数、分数÷整数

8〜9ページ	6〜7ページ
できたらシールをはろう	できたらシールをはろう

文字と式

4〜5ページ	2〜3ページ
できたらシールをはろう	できたらシールをはろう

スタート

円の面積

34〜35ページ	36〜37ページ
できたらシールをはろう	できたらシールをはろう

★計算の復習テスト①

38〜39ページ
できたらシールをはろう

立体の体積

40〜41ページ	42〜43ページ
できたらシールをはろう	できたらシールをはろう

比とその利用

44〜45ページ	46〜47ページ	48〜49ページ
できたらシールをはろう	できたらシールをはろう	できたらシールをはろう

図形の拡大と縮小

50〜51ページ	52〜53ページ
できたらシールをはろう	できたらシールをはろう

比例と反比例

54〜55ページ	56〜57ページ	58〜59ページ
できたらシールをはろう	できたらシールをはろう	できたらシールをはろう

6年間の計算のまとめ

77ページ	76ページ	75ページ	74ページ	73ページ	72ページ	71ページ	70ページ	69ページ	68ページ	67ページ	66ページ
できたらシールをはろう	できたらシールをはろう	できたらシールをはろう	できたらシールをはろう	できたらシールをはろう	できたらシールをはろう	できたらシールをはろう	できたらシールをはろう	できたらシールをはろう	できたらシールをはろう	できたらシールをはろう	できたらシールをはろう

★計算の復習テスト②

64〜65ページ
できたらシールをはろう

およその形と大きさ

62〜63ページ	60〜61ページ
できたらシールをはろう	できたらシールをはろう

チャレンジコーナー

78ページ	79ページ	80ページ
できたらシールをはろう	できたらシールをはろう	できたらシールをはろう

ゴール

最後までがんばったキミは「ごほうびシール」をはろう！

ごほうびシールをはろう

教科書ぴったり トレーニングの使い方

ぴた犬たちが勉強をサポートするよ。

ふだんの学習

練習

まず、計算問題の説明を読んでみよう。
次に、じっさいに問題に取り組んで、とき方を身につけよう。

↓

確かめのテスト

「練習」で勉強したことが身についているかな？
かくにんしながら、取り組もう。

↓

実力チェック

復習テスト

まとめのテスト

夏休み、冬休み、春休み前に使いましょう。
学期の終わりや学年の終わりのテスト前に
やってもいいね。

6年 チャレンジテスト

すべてのページが終わったら、
まとめのむずかしいテストに
ちょうせんしよう。

> ふだんの学習が終わったら、「がんばり表」にシールをはろう。

別冊

丸つけラクラク解答

問題と同じ紙面に赤字で「答え」が書いてあるよ。
取り組んだ問題の答え合わせをしてみよう。まちがえた
問題やわからなかった問題は、右のてびきを読んだり、
教科書を読み返したりして、もう一度見直そう。

おうちのかたへ

本書『教科書ぴったりトレーニング』は、「練習」の例題で問題の解き方をつかみ、問題演習を繰り返して定着できるようにしています。「確かめのテスト」では、テスト形式で学習事項が定着したか確認するようになっています。日々の学習（トレーニング）にぴったりです。

「単元対照表」について

この本は、どの教科書にも合うように作っています。教科書の単元と、この本の関連を示した「単元対照表」を参考に、学校での授業に合わせてお使いください。

別冊『丸つけラクラク解答』について

🏠 おうちのかたへ では、次のようなものを示しています。

・学習のねらいやポイント
・他の学年や他の単元の学習内容とのつながり
・まちがいやすいことやつまずきやすいところ

お子様への説明や、学習内容の把握などにご活用ください。

内容の例

🏠 おうちのかたへ
小数のかけ算についての理解が不足している場合、4年生の小数のかけ算の内容を振り返りさせましょう。

もくじ

計算６年

全教科書版

教科書ぴったりトレーニング

		練習	確かめのテスト
文字と式	①文字を使った式	2	③ 4～5
	②式のよみ方	3	
分数×整数、分数÷整数	④分数×整数	6	⑥ 8～9
	⑤分数÷整数	7	
分数×分数	⑦分数をかける計算のしかた	10	⑰ 20～21
	⑧整数がはいった計算	11	
	⑨約分のある計算のしかた	12	
	⑩整数がはいった約分のある計算	13	
	⑪帯分数のはいった計算	14	
	⑫分数と小数・整数のかけ算	15	
	⑬分数と面積・体積	16	
	⑭分数と時間・速さ	17	
	⑮逆数、積の大きさ	18	
	⑯計算のきまり	19	
分数÷分数	⑱分数でわる計算のしかた	22	㉘ 32～33
	⑲約分のある計算のしかた	23	
	⑳帯分数のはいった計算	24	
	㉑整数がはいった計算	25	
	㉒小数と分数が混じったわり算	26	
	㉓分数のかけ算とわり算の混じった式	27	
	㉔かけ算とわり算の混じった式(1)	28	
	㉕かけ算とわり算の混じった式(2)	29	
	㉖割合を表す分数(1)	30	
	㉗割合を表す分数(2)	31	
円の面積	㉙円の面積の公式	34	㉛ 36～37
	㉚いろいろな図形の面積	35	
★ 計算の復習テスト①	㉜計算の復習テスト①	38～39	
立体の体積	㉝角柱の体積	40	㉟ 42～43 はってん
	㉞円柱の体積	41	
比とその利用	㊱比の表し方と比の値	44	㊵ 48～49
	㊲等しい比	45	
	㊳比を簡単にする	46	
	㊴比の利用	47	
図形の拡大と縮小	㊶拡大図と縮図	50	㊸ 52～53
	㊷縮図の利用	51	
比例と反比例	㊹比　例	54	㊽ 58～59
	㊺比例のグラフ	55	
	㊻反比例	56	
	㊼反比例の式	57	
およその形と大きさ	㊾およその面積	60	(51) 62～63
	㊿およその体積	61	
★ 計算の復習テスト②	(52)計算の復習テスト②	64～65	
6 年間の計算のまとめ	(53)整数のたし算とひき算		66
	(54)小数のたし算とひき算		67
	(55)整数のかけ算		68
	(56)整数のわり算		69
	(57)小数のかけ算		70
	(58)小数のわり算		71
	(59)分数のたし算とひき算		72
	(60)分数のかけ算		73
	(61)分数のわり算		74
	(62)計算のきまり		75
	(63)計算の順序①		76
	(64)計算の順序②		77
★ チャレンジコーナー	(65)複雑な計算	78	
	(66)計算のしかたのくふう	79	
	(67)順にならんだ数の和	80	

巻末	チャレンジテスト①、②	とりはずしてお使いください
別冊	丸つけラクラク解答	

はってん がついているところでは、学習指導要領では示されていない「発展的な学習内容」を扱っています。学習状況に応じてご利用ください。

練習 ① 文字を使った式

答え　2ページ

例題

★ 1m x 円のリボンを6m買います。
① 代金を y 円として、x と y の関係を式に表しましょう。
② x の値が80のとき、対応する y の値を求めましょう。

💡◀数量の関係を式に表すとき、○や△のかわりに、文字 x や y を使って表すことができます。

解き方 ① リボン1mの値段を x 円とすると、6mの代金は、
$x \times 6$ と表すことができます。代金 y 円は、
$y = x \times 6$ の式で表すことができます。
② $x = 80$ のとき、$80 \times 6 = 480$ より、$y = 480$

1 1個 x 円のガムを4個買います。
① 代金を y 円として、x と y の関係を式に表しましょう。

（　　　　　　　　）

② x の値が90のとき、対応する y の値を求めましょう。

（　　　　　　　　）

2 1冊 x 円のノートを5冊と120円のボールペンを1本買います。
① 代金を y 円として、x と y の関係を式に表しましょう。

（　　　　　　　　）

② x の値を60、70、80、90としたとき、それぞれに対応する y の値を求めて表にかきましょう。

x（円）	60	70	80	90
y（円）				

3 同じ値段のジュースを4本と、150円のパンを1つ買いました。
① ジュース1本の値段を x 円、代金を y 円として、x と y の関係を式に表しましょう。

（　　　　　　　　）

② 代金は630円だったそうです。ジュースは1本何円でしたか。表にかいて値段を求めましょう。

x（円）	80	100	120	140
y（円）				

（　　　　　　　　）

●ヒント　② ① 1冊 x 円のノートを5冊買うと、代金は $x \times 5$（円）です。

練習

②　式のよみ方

答え　2ページ

例題　★$x×4+80$ の式で表されるのは、次のどれですか。

㋐　x 円のケーキ 4 個を 80 円の箱に入れてもらった代金

㋑　x 円のえん筆 1 本と 80 円の消しゴム 1 個を 1 組にしたもの 4 組の代金

㋒　1 本 x cm ずつ 4 本切り取って、あと 80 cm 残っているリボンのはじめの長さ

◀ x を使った式が何を表しているのかを、正しくよみとります。

解き方　それぞれを x を使った式で表すと、㋐は $x×4+80$、㋑は $(x+80)×4$、㋒は $x×4+80$ になります。

答え　㋐、㋒

1　$x×y=20$ の式で表されるのは、次のどれですか。記号で答えましょう。

㋐　x 円のりんごを 20 個買ったときの代金 y 円

㋑　20 本のくじの中にあたりが x 本あるとき、はずれは y 本

㋒　縦が x cm、横が y cm の長方形の面積が 20 cm²

㋓　1 分間に x L の水を 20 分間浴そうに入れたときの水の量 y L

（　　　　　　　）

2　$1000-x×6$ の式で表されるのは、次のどれですか。記号で答えましょう。

㋐　1 箱 1000 円のクッキーを x 円安くしてもらって、6 箱買ったときの代金

㋑　1000 円持っていて、x 円のノートを 6 冊買ったときの残りの金額

㋒　1000 円持っていて、1 日に x 円ずつ 6 日間貯金したときの貯まった金額

㋓　x 円のキャラメル 6 個と 1000 円のチョコレート 1 箱を買ったときの代金

（　　　　　　　）

3　右の図の台形の面積を求める式を正しく表したものはどれですか。記号で答えましょう。

㋐　$6×8×x÷2$

㋑　$(6+8+x)÷2$

㋒　$(6+8)÷2+x$

㋓　$(6+8)×x÷2$

台形の面積を求める公式は、
（上底＋下底）×高さ÷2
だったね。

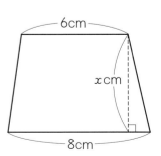

（　　　　　　　）

 ヒント　文字を使った式が何を表しているかを正しくよみとり、そこから、数量の関係もよみとりましょう。

確かめのテスト　❸　文字と式

❶ **1冊が 120 ページの本があります。**　　　　　　　　表は全部できて8点、他は各8点（32点）

① この本を1日に x ページずつ8日間読んだとき、残ったページ数を y ページとして、x と y の関係を式に表しましょう。

（　　　　　　　　　　）

② x の値が 10 のとき、対応する y の値を求めましょう。

（　　　　　　　　　　）

③ 8日間で読み終えるには、1日に何ページずつ読めばよいですか。表にかいてページ数を求めましょう。

x（ページ）	10	12	15
y（ページ）			

（　　　　　　　　　　）

❷ **右の図のような三角形があります。**　　　　　　　　各8点（16点）

① 底辺の長さを x cm、三角形の面積を y cm² として、x と y の関係を式に表しましょう。

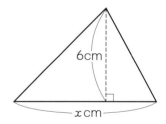

6cm

x cm

（　　　　　　　　　　）

② 面積が 24 cm² になるとき、底辺の x の値を求めましょう。

（　　　　　　　　　　）

できたらスゴイ！

❸ **1パック x 円のいちごを3パックと 100 円の牛乳を1本買いました。**　　　各8点（16点）

① 代金を y 円として、x と y の関係を式に表しましょう。

（　　　　　　　　　　）

② 代金は 1300 円になりました。いちご1パックの値段はいくらですか。

（　　　　　　　　　　）

4 $x×7-30$ の式で表されるのは、次のどれですか。記号で答えましょう。 (9点)

㋐ 1本 x cm ずつ、7本切り取ったとき、あと 30 cm 残っているリボンのはじめの長さ

㋑ x g のおもり7個を 30 g の箱に入れたときの重さ

㋒ x 円のクッキーを7個買って、30 円安くしてくれたときの代金

㋓ x 円のえん筆7本と 30 円のクリップ1個を買ったときの代金

(   )

5 x 円の消しゴムを6個と 120 円のノートを1冊買ったときの代金を表している式は、次のどれですか。記号で答えましょう。 (9点)

㋐ $(x+120)×6$

㋑ $x×6-120$

㋒ $x÷6+120$

㋓ $x×6+120$

(   )

6 x 円のサンドイッチを5個買ったところ、80 円安くしてくれました。このときの代金を表している式は、次のどれですか。記号で答えましょう。 (9点)

㋐ $x×5-80$

㋑ $x×5+80$

㋒ $x÷5-80$

㋓ $x÷5+80$

(   )

7 右の図の、ひし形の面積を求める式を正しく表しているのは、次のどれですか。記号で答えましょう。 (9点)

㋐ $a×4×4$

㋑ $(a+4)×4÷2$

㋒ $a×4÷2$

㋓ $a×4÷2×4$

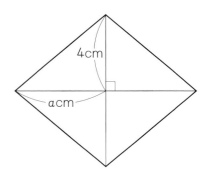

(   )

5

練習

4 分数×整数

答え　4 ページ

例題 ★$\frac{1}{9}×4$、$\frac{5}{6}×4$ の計算をしましょう。

解き方 $\frac{1}{9}×4 = \frac{1×4}{9}$

$= \frac{4}{9}$

$\frac{5}{6}×4 = \frac{5×\overset{2}{4}}{\underset{3}{6}}$

$= \frac{5×2}{3}$

$= \frac{10}{3}\left(3\frac{1}{3}\right)$

◀分数に整数をかけるには、分母はそのままで、分子にその整数をかけます。

◀計算のとちゅうで約分できるときは、約分してから計算すると簡単です。

1 □にあてはまる数をかきましょう。

① $\frac{3}{5}×2 = \frac{3×\boxed{}}{5}$

$= \frac{\boxed{}}{5}$

② $\frac{3}{7}×5 = \frac{3×\boxed{}}{7}$

$= \frac{\boxed{}}{7}$

$\frac{▲}{○}×■ = \frac{▲×■}{○}$
だよ！

2 次の計算をしましょう。

① $\frac{1}{5}×3$

② $\frac{2}{9}×2$

③ $\frac{3}{8}×5$

④ $\frac{2}{7}×3$

⑤ $\frac{7}{10}×7$

⑥ $\frac{1}{8}×4$

⑦ $\frac{5}{6}×3$

⑧ $\frac{5}{9}×6$

⑨ $\frac{5}{12}×3$

⑩ $\frac{3}{20}×8$

・ヒント ❷ ⑧ 分母の9と、かける整数の6の最大公約数は3だから、3で約分できます。

練習

5 分数÷整数

答え　4 ページ

例題 ★$\frac{2}{3} \div 5$、$\frac{8}{9} \div 6$ の計算をしましょう。

解き方
$$\frac{2}{3} \div 5 = \frac{2}{3 \times 5} = \frac{2}{15}$$

$$\frac{8}{9} \div 6 = \frac{\overset{4}{8}}{9 \times \underset{3}{6}} = \frac{4}{9 \times 3} = \frac{4}{27}$$

◀分数を整数でわるには、分子はそのままで、分母にその整数をかけます。

◀計算のとちゅうで約分できるときは、約分してから計算すると簡単です。

1 □にあてはまる数をかきましょう。

① $\frac{1}{4} \div 2 = \frac{1}{4 \times \boxed{}}$

$= \frac{1}{\boxed{}}$

② $\frac{7}{2} \div 3 = \frac{7}{2 \times \boxed{}}$

$= \frac{7}{\boxed{}}$

2 次の計算をしましょう。

① $\frac{1}{5} \div 2$

② $\frac{1}{8} \div 5$

③ $\frac{2}{7} \div 3$

④ $\frac{5}{9} \div 7$

⑤ $\frac{4}{5} \div 5$

⑥ $\frac{2}{5} \div 6$

⑦ $\frac{8}{9} \div 8$

⑧ $\frac{35}{6} \div 7$

⑨ $\frac{16}{25} \div 4$

⑩ $\frac{12}{13} \div 8$

ヒント ❷ ⑩ 分子の 12 と、わる整数の 8 の最大公約数は 4 だから、4 で約分できます。

 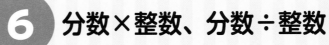 

確かめのテスト **6** 分数×整数、分数÷整数

時間 **30**分　／100
合格 **80**点

答え　5ページ

1 次の計算をしましょう。

各3点（18点）

① $\dfrac{1}{3} \times 4$

② $\dfrac{2}{7} \times 5$

③ $\dfrac{2}{9} \times 5$

④ $\dfrac{5}{13} \times 4$

⑤ $\dfrac{3}{8} \times 3$

⑥ $\dfrac{5}{7} \times 6$

2 次の計算をしましょう。

各4点（24点）

① $\dfrac{1}{8} \times 2$

② $\dfrac{1}{6} \times 3$

③ $\dfrac{3}{8} \times 6$

④ $\dfrac{4}{15} \times 10$

⑤ $\dfrac{9}{14} \times 7$

⑥ $\dfrac{5}{12} \times 8$

3 1個 $\dfrac{15}{4}$ g のおはじきがあります。このおはじき2個の重さは何gですか。

（6点）

(　　　　　　　　　　)

4 次の計算をしましょう。   各3点（18点）

① $\dfrac{1}{3} \div 3$ ② $\dfrac{1}{4} \div 7$

③ $\dfrac{2}{5} \div 3$ ④ $\dfrac{3}{7} \div 4$

⑤ $\dfrac{5}{6} \div 6$ ⑥ $\dfrac{7}{8} \div 4$

5 次の計算をしましょう。   各4点（24点）

① $\dfrac{3}{5} \div 6$ ② $\dfrac{4}{9} \div 8$

③ $\dfrac{8}{9} \div 2$ ④ $\dfrac{10}{13} \div 5$

⑤ $\dfrac{12}{7} \div 8$ ⑥ $\dfrac{8}{15} \div 6$

6 $\dfrac{2}{15}$ m のテープＡと、$\dfrac{9}{8}$ m のテープを３等分したテープＢが１本あります。   各5点（10点）

できたらスゴイ!

① テープＢの長さは何 m になりますか。

（　　　　　　　）

② テープＡとテープＢでは、どちらが長いですか。

（　　　　　　　）

9

練習

7 分数をかける計算のしかた

答え 6 ページ

例題 ★ $\frac{1}{2} \times \frac{1}{3}$、$\frac{1}{7} \times \frac{3}{4}$、$\frac{3}{5} \times \frac{2}{7}$ の計算をしましょう。

◀分数のかけ算では、分母どうし、分子どうしを、それぞれかけます。

解き方 $\frac{1}{2} \times \frac{1}{3} = \frac{1 \times 1}{2 \times 3} = \frac{1}{6}$

$\frac{1}{7} \times \frac{3}{4} = \frac{1 \times 3}{7 \times 4} = \frac{3}{28}$

$\frac{3}{5} \times \frac{2}{7} = \frac{3 \times 2}{5 \times 7} = \frac{6}{35}$

1 ☐ にあてはまる数をかきましょう。

① $\frac{3}{5} \times \frac{1}{2} = \dfrac{3 \times \boxed{}}{5 \times \boxed{}}$

$= \boxed{}$

② $\frac{3}{4} \times \frac{5}{2} = \dfrac{\boxed{} \times 5}{\boxed{} \times 2}$

$= \boxed{}$

分数×分数の計算では
$\frac{△}{□} \times \frac{☆}{○} = \frac{△ \times ☆}{□ \times ○}$
になるね。

2 次の計算をしましょう。

① $\frac{1}{4} \times \frac{1}{3}$

② $\frac{1}{5} \times \frac{1}{2}$

③ $\frac{1}{7} \times \frac{2}{5}$

④ $\frac{3}{4} \times \frac{5}{7}$

⑤ $\frac{5}{9} \times \frac{2}{3}$

⑥ $\frac{5}{8} \times \frac{3}{7}$

⑦ $\frac{3}{5} \times \frac{8}{7}$

⑧ $\frac{2}{9} \times \frac{7}{5}$

⑨ $\frac{1}{4} \times \frac{3}{5} \times \frac{3}{7}$

⑩ $\frac{2}{5} \times \frac{4}{3} \times \frac{1}{9}$

ヒント ❷ ⑨ 分数が3つのかけ算でも、分母どうし、分子どうしのかけ算をします。

練習

8 整数がはいった計算

答え　6 ページ

例題

★ $2 \times \dfrac{3}{7}$ の計算をしましょう。

解き方 $2 \times \dfrac{3}{7} = \dfrac{2}{1} \times \dfrac{3}{7} = \dfrac{2 \times 3}{1 \times 7} = \dfrac{6}{7}$

💡 ◀整数×分数のかけ算では、整数は分母が1の分数になおして計算します。

1 □にあてはまる数をかきましょう。

① $3 \times \dfrac{2}{5} = \dfrac{3 \times \boxed{}}{\boxed{} \times 5}$

$= \boxed{}$

② $4 \times \dfrac{2}{9} = \dfrac{\boxed{} \times 2}{1 \times \boxed{}}$

$= \boxed{}$

4は $\dfrac{4}{1}$ になおしてかけ算をしよう。

2 次の計算をしましょう。

① $4 \times \dfrac{2}{7}$

② $5 \times \dfrac{3}{8}$

③ $2 \times \dfrac{3}{5}$

④ $4 \times \dfrac{3}{7}$

⑤ $7 \times \dfrac{3}{10}$

⑥ $3 \times \dfrac{3}{11}$

⑦ $3 \times \dfrac{3}{5} \times \dfrac{4}{7}$

⑧ $7 \times \dfrac{2}{9} \times \dfrac{1}{5}$

⑨ $\dfrac{7}{9} \times 2 \times \dfrac{2}{3}$

！まちがい注意

⑩ $\dfrac{1}{7} \times \dfrac{3}{5} \times 9$

ヒント ❷ ⑦ 3を $\dfrac{3}{1}$ になおしてから、分母どうし、分子どうしのかけ算をします。

練習 ⑨ 約分のある計算のしかた

答え 7ページ

例題 ★ $\dfrac{3}{7} \times \dfrac{5}{9}$、$\dfrac{8}{9} \times \dfrac{3}{4}$ の計算をしましょう。

💡 ◀ 計算のとちゅうで約分できるときは、約分してから計算すると簡単です。

解き方 $\dfrac{3}{7} \times \dfrac{5}{9} = \dfrac{\overset{1}{3} \times 5}{7 \times \underset{3}{9}}$

$\qquad = \dfrac{1 \times 5}{7 \times 3}$

$\qquad = \dfrac{5}{21}$

$\dfrac{8}{9} \times \dfrac{3}{4} = \dfrac{\overset{2}{8} \times \overset{1}{3}}{\underset{3}{9} \times \underset{1}{4}}$

$\qquad = \dfrac{2 \times 1}{3 \times 1}$

$\qquad = \dfrac{2}{3}$

1 ☐ にあてはまる数をかきましょう。

① $\dfrac{4}{5} \times \dfrac{3}{8} = \dfrac{4 \times \boxed{}}{\boxed{} \times 8}$

$\qquad = \dfrac{1 \times \boxed{}}{\boxed{} \times 2}$

$\qquad = \boxed{}$

② $\dfrac{5}{4} \times \dfrac{8}{15} = \dfrac{5 \times \boxed{}}{\boxed{} \times 15}$

$\qquad = \dfrac{1 \times \boxed{}}{\boxed{} \times 3}$

$\qquad = \boxed{}$

とちゅうで約分できるときは、約分しておこう。

2 次の計算をしましょう。

① $\dfrac{6}{7} \times \dfrac{2}{3}$

② $\dfrac{7}{9} \times \dfrac{3}{5}$

③ $\dfrac{4}{15} \times \dfrac{3}{8}$

④ $\dfrac{3}{10} \times \dfrac{5}{9}$

⑤ $\dfrac{3}{4} \times \dfrac{4}{9}$

⑥ $\dfrac{7}{15} \times \dfrac{5}{21}$

⑦ $\dfrac{7}{9} \times \dfrac{3}{28}$

⑧ $\dfrac{3}{5} \times \dfrac{5}{6} \times \dfrac{5}{7}$

🔍 よくみて
⑨ $\dfrac{8}{9} \times \dfrac{3}{14} \times \dfrac{7}{8}$

➕➖ 計算に強くなる！✖️➗

分数×分数の計算で、約分できるときは、とちゅうで約分しよう。そのほうがまちがいが少なくなるよ。

ヒント ② ⑨ 約分は、分母と分子に公約数がなくなるまでします。

練習 ⑩ 整数がはいった約分のある計算

⊟ 答え　7ページ

例題 ★ $3 \times \dfrac{2}{9}$ の計算をしましょう。

💡 ◀計算のとちゅうで約分できるときは、約分してから計算すると簡単です。

解き方 $3 \times \dfrac{2}{9} = \dfrac{\overset{1}{3} \times 2}{1 \times \underset{3}{9}}$

$= \dfrac{1 \times 2}{1 \times 3}$

$= \dfrac{2}{3}$

1 ☐ にあてはまる数をかきましょう。

① $4 \times \dfrac{3}{8} = \dfrac{\boxed{} \times 3}{1 \times \boxed{}}$

$= \dfrac{1 \times \boxed{}}{1 \times \boxed{}}$

$= \boxed{}$

② $6 \times \dfrac{4}{9} = \dfrac{\boxed{} \times 4}{1 \times \boxed{}}$

6と9は約分できるね。

$= \dfrac{2 \times \boxed{}}{1 \times \boxed{}}$

$= \boxed{}$

2 次の計算をしましょう。

① $4 \times \dfrac{1}{8}$

② $3 \times \dfrac{5}{6}$

③ $6 \times \dfrac{5}{9}$

④ $10 \times \dfrac{3}{8}$

⑤ $4 \times \dfrac{1}{6}$

⑥ $2 \times \dfrac{7}{8}$

⑦ $3 \times \dfrac{5}{12}$

⑧ $8 \times \dfrac{3}{20}$

⑨ $6 \times \dfrac{5}{9} \times \dfrac{2}{15}$

！まちがい注意

⑩ $\dfrac{7}{6} \times 10 \times \dfrac{4}{5}$

👀 ヒント　**2** ⑨ 6は $\dfrac{6}{1}$ になおしてから計算し、約分できるときは、計算のとちゅうで約分します。

練習 ⑪ 帯分数のはいった計算

答え 8 ページ

例題

★$1\frac{2}{5}\times2\frac{1}{3}$、$2\frac{2}{3}\times1\frac{1}{4}$ の計算をしましょう。

◀帯分数×帯分数の計算では、帯分数を仮分数になおして計算します。
約分できるときは、とちゅうで約分しておきます。

解き方

$1\frac{2}{5}\times2\frac{1}{3}=\frac{7}{5}\times\frac{7}{3}$

$\qquad=\frac{7\times7}{5\times3}$

$\qquad=\frac{49}{15}\left(3\frac{4}{15}\right)$

$2\frac{2}{3}\times1\frac{1}{4}=\frac{\overset{2}{\cancel{8}}\times5}{3\times\underset{1}{\cancel{4}}}$

$\qquad=\frac{2\times5}{3\times1}$

$\qquad=\frac{10}{3}\left(3\frac{1}{3}\right)$

1 ☐にあてはまる数をかきましょう。

① $1\frac{2}{3}\times1\frac{1}{4}=\dfrac{\boxed{}\times5}{3\times\boxed{}}$

$\qquad=\boxed{}$

② $1\frac{1}{4}\times1\frac{2}{5}=\dfrac{\boxed{}\times7}{4\times\boxed{}}$

$\qquad=\dfrac{1\times\boxed{}}{\boxed{}\times1}$

$\qquad=\boxed{}$

2 次の計算をしましょう。

① $1\frac{1}{4}\times2\frac{1}{3}$

② $2\frac{1}{2}\times1\frac{1}{6}$

③ $1\frac{2}{3}\times2\frac{3}{4}$

④ $2\frac{1}{5}\times1\frac{2}{7}$

⑤ $1\frac{4}{5}\times1\frac{1}{3}$

⑥ $1\frac{7}{8}\times2\frac{3}{5}$

⑦ $1\frac{7}{8}\times1\frac{1}{9}$

よくみて

⑧ $2\frac{2}{9}\times1\frac{1}{5}$

⑧ $\frac{20}{9}\times\frac{6}{5}$ となるので、とちゅうで約分しておこう。

ヒント **2** ⑦ 帯分数を仮分数になおすと、$\frac{15}{8}\times\frac{10}{9}$ になります。とちゅうで約分して計算しましょう。

練習

12 分数と小数・整数のかけ算

答え　8ページ

例題 ★ $0.3 \times \dfrac{1}{4}$、$\dfrac{2}{3} \times 1.2$ の計算をしましょう。

▶ 分数と小数が混じったかけ算では、小数を分数になおして計算します。

解き方

$0.3 \times \dfrac{1}{4} = \dfrac{3}{10} \times \dfrac{1}{4}$

$= \dfrac{3 \times 1}{10 \times 4}$

$= \dfrac{3}{40}$

$\dfrac{2}{3} \times 1.2 = \dfrac{2}{3} \times \dfrac{\overset{6}{\cancel{12}}}{\underset{5}{\cancel{10}}}$

$= \dfrac{2 \times \overset{2}{\cancel{6}}}{3 \times 5}$

$= \dfrac{4}{5}$

---

1 ◯ にあてはまる数をかきましょう。

① $0.7 \times \dfrac{1}{5} = \dfrac{\boxed{}}{10} \times \dfrac{1}{5}$

$\quad = \dfrac{\boxed{} \times 1}{\boxed{} \times \boxed{}}$

$\quad = \boxed{}$

② $\dfrac{5}{7} \times 3.5 = \dfrac{5}{7} \times \dfrac{\boxed{}}{10}$

$\quad = \dfrac{5 \times \boxed{}}{7 \times 2}$

$\quad = \boxed{}$

---

2 次の計算をしましょう。

① $1.6 \times \dfrac{1}{4}$

② $4.5 \times \dfrac{2}{5}$

③ $\dfrac{4}{9} \times 0.7$

④ $\dfrac{5}{8} \times 1.8$

⑤ $1.1 \times \dfrac{2}{5} \times 2$

⑥ $2.2 \times \dfrac{3}{4} \times 6$

⑦ $1.5 \times \dfrac{2}{9} \times 6$

⑧ $2.4 \times \dfrac{1}{3} \times 4$

ヒント ❷ ⑤ 1.1 は $\dfrac{11}{10}$ に、2 は $\dfrac{2}{1}$ になおしてから計算しましょう。

答え　9 ページ

例題

★次の問いに答えましょう。

① 縦 $\frac{7}{4}$ m、横 $\frac{5}{2}$ m の長方形の面積は何 m² ですか。

② 縦 $\frac{4}{5}$ m、横 $\frac{3}{8}$ m、高さ $\frac{5}{7}$ m の直方体の体積は何 m³ ですか。

◀辺の長さが分数になっても、面積、体積を求める公式が使えます。

◀長方形の面積
　＝縦×横

◀直方体の体積
　＝縦×横×高さ

解き方 ① 長方形の面積＝縦×横　にあてはめて、

$$\frac{7}{4} \times \frac{5}{2} = \frac{35}{8}$$

答え　$\frac{35}{8}$ m² $\left(4\frac{3}{8} \text{m}^2\right)$

② 直方体の体積＝縦×横×高さ　にあてはめて、

$$\frac{4}{5} \times \frac{3}{8} \times \frac{5}{7} = \frac{3}{14}$$

答え　$\frac{3}{14}$ m³

1 次の面積を求めましょう。

分数のかけ算は、図形の面積を求めるときにも使うことができるよ。

① 縦 $\frac{5}{2}$ m、横 7 m の長方形

(　　　　　　　)

② 縦 $\frac{2}{3}$ m、横 $\frac{5}{4}$ m の長方形

(　　　　　　　)

③ 1 辺の長さが $\frac{3}{4}$ m の正方形

(　　　　　　　)

④ 底辺の長さが $\frac{15}{4}$ cm、高さが $\frac{8}{5}$ cm の平行四辺形

(　　　　　　　)

2 次の体積を求めましょう。

① 縦 $\frac{5}{6}$ m、横 $\frac{7}{10}$ m、高さ $\frac{12}{7}$ m の直方体

(　　　　　　　)

！まちがい注意

② 縦 $1\frac{1}{3}$ m、横 $\frac{3}{5}$ m、高さ $2\frac{1}{4}$ m の直方体

(　　　　　　　)

・ヒント **2** ② 帯分数を仮分数になおしてから、体積を求めましょう。

練習

14 分数と時間・速さ

答え　9 ページ

例題

★次の問いに答えましょう。

① $\frac{1}{3}$ 時間は何分ですか。

② 15 分は何時間ですか。

◀1日＝24 時間
　1 時間＝60 分
　1 分＝60 秒

解き方 ①　1 時間は 60 分だから、$\frac{1}{3}$ 時間は 60 分の $\frac{1}{3}$ で、

$$60 \times \frac{1}{3} = 20$$

答え　20 分

②　15 分は 60 分の何倍にあたるかを考えて、

$$15 \div 60 = \frac{1}{4}$$

答え　$\frac{1}{4}$ 時間

---

1 □にあてはまる数をかきましょう。

① $\frac{5}{4}$ 時間は、□ $\times \frac{5}{4} =$ □（分）

② 45 分は、45 ÷ □ ＝ □（時間）

2 右の表の㋐～㋒にあてはまる数をかきましょう。

㋐ （　　　　　）

㋑ （　　　　　）

㋒ （　　　　　）

1分は 60 秒だから、
60 分は 60×60 秒だね。

時間、分、秒の関係

時間	分	秒
㋐	㋑	1
㋒	1	60
1	60	3600

3 A地点からB地点まで時速 80 km で進むと 75 分かかりました。

① 75 分は何時間ですか。

（　　　　　　　　　　　）

② A地点からB地点までの道のりは何 km ですか。

（　　　　　　　　　　　）

ヒント **3** ② 道のり＝速さ×時間　です。

練習

15 逆数、積の大きさ

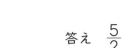
答え　10 ページ

例題

★次の問いに答えましょう。

① 積が１になるように、□にあてはまる数をかきましょう。

$$\frac{2}{5} \times \boxed{} = 1$$

② $50 \times \frac{7}{4}$ と $50 \times \frac{8}{9}$ で、積が大きいのはどちらですか。

◀２つの数の積が１になるとき、一方の数を他方の数の逆数といいます。

◀積の大きさ
かける数が分数のときにも成り立ちます。

解き方 ① $\frac{2}{5}$ の分母と分子を入れかえた分数の $\frac{5}{2}$ をかけると、

$\frac{2}{5} \times \frac{5}{2} = 1$ になります。

答え　$\frac{5}{2}$

② かける数＞１のとき、積＞かけられる数

かける数＜１のとき、積＜かけられる数　の関係が、かける数が分数のときにも

成り立ちます。$\frac{7}{4} > 1$、$\frac{8}{9} < 1$ だから、$50 \times \frac{7}{4} > 50 \times \frac{8}{9}$

答え　$50 \times \frac{7}{4}$

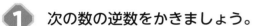

1 次の数の逆数をかきましょう。

① $\frac{4}{5}$

② $\frac{7}{11}$

③ $\frac{1}{6}$

分数の逆数は
△/□ ✕ □/△
になるよ。

（　　　　　）　　（　　　　　）　　（　　　　　）

2 次の数の逆数をかきましょう。

① 8

② 0.9

まちがい注意

③ 3.25

（　　　　　）　　（　　　　　）　　（　　　　　）

3 次のかけ算の式で、積が７より小さくなるものをすべて選びましょう。

㋐ $7 \times 1\frac{2}{9}$

㋑ $7 \times \frac{14}{15}$

㋒ $7 \times \frac{9}{8}$

かける数を見るだけで、
７より小さくなるものが
わかるよ。

㋓ $7 \times \frac{4}{5}$

㋔ 7×1

㋕ $7 \times \frac{5}{3}$

（　　　　　）

 ヒント ❸ ㋒ かける数の $\frac{9}{8}$ は $1\frac{1}{8}$ だから、１より大きい数です。

練習 16 計算のきまり

答え 10 ページ

例題 ★次の問いに答えましょう。

① くふうして、$\left(\dfrac{3}{5} \times \dfrac{7}{4}\right) \times \dfrac{8}{7}$ の計算をしましょう。

② くふうして、$\left(\dfrac{1}{2} + \dfrac{2}{3}\right) \times 6$ の計算をしましょう。

◀計算のきまり
$\bigcirc \times \triangle = \triangle \times \bigcirc$
$(\bigcirc \times \triangle) \times \square$
$= \bigcirc \times (\triangle \times \square)$

◀計算のきまり
$(\square + \bigcirc) \times \triangle$
$= \square \times \triangle + \bigcirc \times \triangle$

解き方 ① 計算のきまり $(\bigcirc \times \triangle) \times \square = \bigcirc \times (\triangle \times \square)$ を使うと、

$$\left(\dfrac{3}{5} \times \dfrac{7}{4}\right) \times \dfrac{8}{7} = \dfrac{3}{5} \times \left(\dfrac{7}{4} \times \dfrac{8}{7}\right) = \dfrac{3}{5} \times 2 = \underline{\dfrac{6}{5} \left(1\dfrac{1}{5}\right)}$$

② 計算のきまり $(\square + \bigcirc) \times \triangle = \square \times \triangle + \bigcirc \times \triangle$ を使うと、

$$\left(\dfrac{1}{2} + \dfrac{2}{3}\right) \times 6 = \dfrac{1}{2} \times 6 + \dfrac{2}{3} \times 6 = 3 + 4 = \underline{7}$$

1 くふうして計算しましょう。

① $\left(\dfrac{7}{6} \times \dfrac{15}{4}\right) \times \dfrac{8}{5}$

② $\left(\dfrac{3}{4} \times \dfrac{7}{8}\right) \times \dfrac{2}{3}$

③ $\left(\dfrac{12}{7} \times \dfrac{5}{9}\right) \times \dfrac{14}{3}$

④ $12 \times \left(\dfrac{1}{4} - \dfrac{1}{6}\right)$

⑤ $\left(\dfrac{1}{3} + \dfrac{1}{9}\right) \times \dfrac{9}{4}$

⑥ $5 \times \dfrac{8}{7} + 9 \times \dfrac{8}{7}$

2 くふうして計算しましょう。

① $\left(\dfrac{1}{2} - \dfrac{1}{4}\right) \times \dfrac{4}{3}$

② $\dfrac{12}{7} \times \left(\dfrac{1}{3} + \dfrac{1}{6}\right)$

③ $\dfrac{10}{7} \times \left(\dfrac{21}{5} \times \dfrac{1}{4}\right)$

④ $11 \times \dfrac{7}{8} - 3 \times \dfrac{7}{8}$

ヒント ❷ ④ 計算のきまり $\bigcirc \times \triangle - \square \times \triangle = (\bigcirc - \square) \times \triangle$ を使って計算しましょう。

確かめのテスト **17** 分数×分数

1 次の計算をしましょう。

各3点（18点）

① $\dfrac{1}{5} \times \dfrac{2}{7}$

② $\dfrac{3}{4} \times \dfrac{5}{8}$

③ $4 \times \dfrac{2}{5}$

④ $\dfrac{2}{9} \times 5$

⑤ $\dfrac{4}{7} \times \dfrac{2}{5} \times \dfrac{2}{3}$

⑥ $7 \times \dfrac{2}{5} \times \dfrac{4}{9}$

2 次の計算をしましょう。

各3点（18点）

① $\dfrac{3}{8} \times \dfrac{4}{9}$

② $\dfrac{9}{20} \times \dfrac{8}{15}$

③ $16 \times \dfrac{7}{24}$

④ $\dfrac{5}{8} \times 6$

⑤ $\dfrac{3}{5} \times \dfrac{7}{6} \times \dfrac{5}{14}$

⑥ $21 \times \dfrac{3}{8} \times \dfrac{4}{7}$

3 次の問いに答えましょう。

各4点（8点）

① 70 kg の $\dfrac{3}{7}$ は何 kg ですか。

（　　　　　　）

② $\dfrac{15}{16}$ m の $\dfrac{4}{9}$ は何 m ですか。

（　　　　　　）

4 次の計算をしましょう。 各4点（24点）

① $1\frac{3}{5} \times 2\frac{2}{7}$

② $1\frac{1}{9} \times 1\frac{3}{7}$

③ $1\frac{1}{4} \times 2\frac{1}{5}$

④ $2\frac{2}{7} \times 2\frac{5}{8}$

⑤ $1\frac{2}{3} \times 2\frac{2}{5}$

⑥ $1\frac{1}{2} \times 1\frac{1}{6} \times 1\frac{1}{3}$

5 次の問いに答えましょう。 各4点（8点）

① 縦 $\frac{8}{9}$ m、横 $\frac{3}{4}$ m の長方形の面積は何 m² ですか。

$$(\qquad\qquad)$$

② 縦 $2\frac{1}{4}$ m、横 $\frac{5}{8}$ m、高さ $1\frac{1}{9}$ m の直方体の体積は何 m³ ですか。

$$(\qquad\qquad)$$

6 （ ）の中の単位で表しましょう。 各4点（8点）

① $\frac{5}{12}$ 分 （秒）

② $\frac{7}{5}$ 時間 （分）

$$(\qquad\qquad)\qquad(\qquad\qquad)$$

7 くふうして計算しましょう。 できたらスゴイ！ 各4点（16点）

① $\left(\frac{16}{7} \times \frac{11}{9}\right) \times \frac{21}{8}$

② $\left(\frac{7}{9} \times \frac{5}{11}\right) \times \frac{3}{7}$

③ $\frac{18}{7} \times \left(\frac{1}{2} - \frac{1}{9}\right)$

④ $\frac{5}{6} \times \frac{1}{2} + \frac{5}{6} \times \frac{1}{3}$

練習 18 分数でわる計算のしかた

答え 12 ページ

例題 ★ $\dfrac{1}{5} \div \dfrac{1}{3}$、$\dfrac{3}{4} \div \dfrac{2}{3}$、$\dfrac{2}{7} \div \dfrac{3}{4}$ の計算をしましょう。

💡 ◀分数のわり算では、わる数の逆数をかけます。

解き方 $\dfrac{1}{5} \div \dfrac{1}{3} = \dfrac{1}{5} \times \dfrac{3}{1} = \dfrac{1 \times 3}{5 \times 1} = \dfrac{3}{5}$

$\dfrac{3}{4} \div \dfrac{2}{3} = \dfrac{3}{4} \times \dfrac{3}{2} = \dfrac{3 \times 3}{4 \times 2} = \dfrac{9}{8}\left(1\dfrac{1}{8}\right)$

$\dfrac{2}{7} \div \dfrac{3}{4} = \dfrac{2}{7} \times \dfrac{4}{3} = \dfrac{2 \times 4}{7 \times 3} = \dfrac{8}{21}$

1 ◻ にあてはまる数をかきましょう。

① $\dfrac{3}{5} \div \dfrac{2}{3} = \dfrac{3}{5} \times \boxed{}$

$= \dfrac{3 \times \boxed{}}{5 \times \boxed{}}$

$= \boxed{}$

② $\dfrac{3}{4} \div \dfrac{1}{5} = \dfrac{3}{4} \times \boxed{}$

$= \dfrac{3 \times \boxed{}}{4 \times \boxed{}}$

$= \boxed{}$

分数÷分数の計算では
$\dfrac{\triangle}{\square} \div \dfrac{☆}{\bigcirc} = \dfrac{\triangle \times \bigcirc}{\square \times ☆}$
になるね。

2 次の計算をしましょう。

① $\dfrac{1}{5} \div \dfrac{3}{4}$

② $\dfrac{5}{6} \div \dfrac{1}{7}$

③ $\dfrac{4}{7} \div \dfrac{3}{4}$

④ $\dfrac{3}{2} \div \dfrac{2}{5}$

⑤ $\dfrac{3}{8} \div \dfrac{7}{5}$

⑥ $\dfrac{5}{6} \div \dfrac{6}{5}$

⑦ $\dfrac{2}{3} \div \dfrac{7}{8}$

⑧ $\dfrac{3}{4} \div \dfrac{5}{7}$

🔍よくみて

⑨ $\dfrac{5}{6} \div \dfrac{2}{5} \div \dfrac{3}{7}$

⑩ $\dfrac{5}{2} \div \dfrac{4}{9} \div \dfrac{8}{7}$

ヒント ❷ ⑨ わる数は $\dfrac{2}{5}$ と $\dfrac{3}{7}$ だから、2つとも逆数にしてかけ算をします。

練習 19 約分のある計算のしかた

答え 12 ページ

例題 ★ $\dfrac{1}{4} \div \dfrac{7}{6}$、$\dfrac{2}{9} \div \dfrac{4}{3}$ の計算をしましょう。

◀計算のとちゅうで約分できるときは、約分してから計算すると簡単です。

解き方

$$\dfrac{1}{4} \div \dfrac{7}{6} = \dfrac{1}{4} \times \dfrac{6}{7}$$

$$= \dfrac{1 \times \overset{3}{\cancel{6}}}{\underset{2}{\cancel{4}} \times 7}$$

$$= \dfrac{1 \times 3}{2 \times 7}$$

$$= \dfrac{3}{14}$$

$$\dfrac{2}{9} \div \dfrac{4}{3} = \dfrac{2}{9} \times \dfrac{3}{4}$$

$$= \dfrac{\overset{1}{\cancel{2}} \times \overset{1}{\cancel{3}}}{\underset{3}{\cancel{9}} \times \underset{2}{\cancel{4}}}$$

$$= \dfrac{1 \times 1}{3 \times 2}$$

$$= \dfrac{1}{6}$$

1 ☐にあてはまる数をかきましょう。

① $\dfrac{9}{8} \div \dfrac{3}{5} = \dfrac{9}{8} \times \boxed{}$

$= \dfrac{9 \times \boxed{}}{8 \times \boxed{}} = \dfrac{3 \times \boxed{}}{8 \times \boxed{}}$

$= \boxed{}$

② $\dfrac{3}{10} \div \dfrac{6}{5} = \dfrac{3}{10} \times \boxed{}$

$= \dfrac{3 \times \boxed{}}{10 \times \boxed{}} = \dfrac{1 \times \boxed{}}{2 \times \boxed{}}$

$= \boxed{}$

2 次の計算をしましょう。

① $\dfrac{3}{4} \div \dfrac{7}{2}$

② $\dfrac{5}{8} \div \dfrac{10}{11}$

③ $\dfrac{4}{9} \div \dfrac{6}{11}$

④ $\dfrac{2}{3} \div \dfrac{8}{3}$

⑤ $\dfrac{3}{4} \div \dfrac{15}{16}$

⑥ $\dfrac{16}{21} \div \dfrac{4}{7}$

⑦ $\dfrac{10}{3} \div \dfrac{5}{6}$

⑧ $\dfrac{8}{15} \div \dfrac{4}{9}$

よくみて

⑨ $\dfrac{15}{16} \div \dfrac{9}{14} \div \dfrac{7}{6}$

╋ ─ 計算に強くなる！╳ ÷

分数÷分数の計算で、約分できるときは、とちゅうで約分しよう。そのほうがまちがいが少なくなるよ。

ヒント ❷ ⑨ 約分忘れには気をつけましょう。

練習 20 帯分数のはいった計算

答え 13 ページ

例題 ★$1\frac{5}{9} \div \frac{5}{8}$、$2\frac{2}{3} \div 1\frac{5}{9}$ の計算をしましょう。

◀帯分数のはいった計算では、帯分数を仮分数になおして計算します。約分できるときは、とちゅうで約分しておきます。

解き方

$$1\frac{5}{9} \div \frac{5}{8} = \frac{14}{9} \div \frac{5}{8}$$
$$= \frac{14}{9} \times \frac{8}{5}$$
$$= \frac{14 \times 8}{9 \times 5}$$
$$= \frac{112}{45}\left(2\frac{22}{45}\right)$$

$$2\frac{2}{3} \div 1\frac{5}{9} = \frac{8}{3} \div \frac{14}{9}$$
$$= \frac{8}{3} \times \frac{9}{14}$$
$$= \frac{\overset{4}{8} \times \overset{3}{9}}{\underset{1}{3} \times \underset{7}{14}}$$
$$= \frac{12}{7}\left(1\frac{5}{7}\right)$$

1 □にあてはまる数をかきましょう。

① $1\frac{2}{3} \div 2\frac{1}{8} = \frac{5}{3} \times \boxed{}$

$= \dfrac{5 \times \boxed{}}{3 \times \boxed{}}$

$= \boxed{}$

② $1\frac{4}{5} \div 2\frac{1}{10} = \frac{9}{5} \times \boxed{}$

$= \dfrac{9 \times \boxed{}}{5 \times \boxed{}} = \dfrac{3 \times \boxed{}}{1 \times \boxed{}}$

$= \boxed{}$

2 次の計算をしましょう。

① $2\frac{1}{3} \div 1\frac{5}{8}$

② $2\frac{1}{4} \div 1\frac{2}{5}$

③ $1\frac{2}{9} \div 1\frac{1}{4}$

④ $2\frac{1}{2} \div 1\frac{1}{3}$

⑤ $2\frac{2}{9} \div \frac{5}{8}$

⑥ $2\frac{2}{5} \div 1\frac{2}{7}$

⑦ $1\frac{1}{6} \div 2\frac{1}{9}$

🔍よくみて

⑧ $1\frac{5}{9} \div 1\frac{13}{15}$

⑧ $\frac{14}{9} \times \frac{15}{28}$ となるので、とちゅうで約分しておこう。

ヒント ⑵ ⑥ $\frac{12}{5} \times \frac{7}{9}$ となるので、12と9は3でわれます。

練習 ㉑ 整数がはいった計算

答え 13 ページ

例題 ★$5 \div \frac{3}{4}$ の計算をしましょう。

◀整数は分母が1の分数になおして計算しましょう。

解き方 $5 \div \frac{3}{4} = \frac{5}{1} \times \frac{4}{3}$

$= \frac{5 \times 4}{1 \times 3}$

$= \frac{20}{3} \left(6 \frac{2}{3} \right)$

1 ◻ にあてはまる数をかきましょう。

① $2 \div \frac{5}{6} = \frac{2}{1} \times \boxed{}$

$= \frac{2 \times \boxed{}}{1 \times \boxed{}}$

$= \boxed{}$

5は$\frac{5}{1}$ になおして計算しよう。

② $5 \div \frac{2}{3} = \frac{5}{1} \times \boxed{}$

$= \frac{5 \times \boxed{}}{1 \times \boxed{}}$

$= \boxed{}$

2 次の計算をしましょう。

① $3 \div \frac{2}{5}$

② $8 \div \frac{9}{10}$

③ $8 \div \frac{2}{3}$

④ $5 \div \frac{4}{7}$

⑤ $2 \div \frac{3}{7}$

⑥ $4 \div \frac{2}{7}$

⑦ $5 \div \frac{5}{9}$

⑧ $4 \div \frac{5}{12}$

！まちがい注意

⑨ $\frac{8}{5} \div 4 \div \frac{7}{5}$

⑩ $\frac{6}{5} \div 6 \div \frac{4}{5}$

ヒント ❷ ⑨ 4は$\frac{4}{1}$ になおして計算します。

練習 22 小数と分数が混じったわり算

答え 14 ページ

例題 ★ $0.6 \div \dfrac{2}{5}$ 、 $\dfrac{3}{7} \div 0.9$ の計算をしましょう。

◀ 小数と分数が混じったわり算は、分数のかけ算になおして計算します。

解き方
$$0.6 \div \frac{2}{5} = \frac{6}{10} \div \frac{2}{5}$$
$$= \frac{6}{10} \times \frac{5}{2}$$
$$= \frac{\overset{3}{\cancel{6}} \times \overset{1}{\cancel{5}}}{\underset{2}{\cancel{10}} \times \underset{1}{\cancel{2}}}$$
$$= \frac{3}{2} \left(1\frac{1}{2} \right)$$

$$\frac{3}{7} \div 0.9 = \frac{3}{7} \div \frac{9}{10}$$
$$= \frac{3}{7} \times \frac{10}{9}$$
$$= \frac{3 \times \overset{1}{\cancel{10}}}{7 \times \underset{3}{\cancel{9}}}$$
$$= \frac{10}{21}$$

1 ☐ にあてはまる数をかきましょう。

① $1.5 \div \dfrac{5}{6} = \boxed{} \times \dfrac{6}{5}$

$= \dfrac{\boxed{} \times 6}{\boxed{} \times 5}$

$= \boxed{}$

② $\dfrac{3}{4} \div 1.2 = \dfrac{3}{4} \div \boxed{}$

$= \dfrac{3 \times \boxed{}}{4 \times \boxed{}}$

$= \boxed{}$

2 次の計算をしましょう。

① $0.3 \div \dfrac{2}{3}$

② $\dfrac{6}{25} \div 1.6$

③ $2.8 \div \dfrac{4}{9}$

④ $\dfrac{7}{12} \div 3.5$

⑤ $3\dfrac{1}{2} \div 4.9$

⑥ $2.6 \div 2\dfrac{3}{5}$

ヒント **2** ⑥ $2\dfrac{3}{5}$ を仮分数になおすと、$\dfrac{13}{5}$ となるので、逆数にしてかけ算しましょう。

練習

23 分数のかけ算とわり算の混じった式

答え　14 ページ

例題

★ $\dfrac{1}{8} \div \dfrac{3}{7} \times \dfrac{4}{7}$、$\dfrac{1}{2} \times \dfrac{6}{7} \div \dfrac{3}{4}$ の計算をしましょう。

◀分数のかけ算とわり算の混じった式は、かけ算だけの式になおして計算します。

わり算は、わる数を逆数にしてかけます。

解き方

$\dfrac{1}{8} \div \dfrac{3}{7} \times \dfrac{4}{7}$

$= \dfrac{1}{8} \times \dfrac{7}{3} \times \dfrac{4}{7}$

$= \dfrac{1 \times \overset{1}{\cancel{7}} \times \overset{1}{\cancel{4}}}{\underset{2}{\cancel{8}} \times 3 \times \underset{1}{\cancel{7}}}$

$= \dfrac{1}{6}$

$\dfrac{1}{2} \times \dfrac{6}{7} \div \dfrac{3}{4}$

$= \dfrac{1}{2} \times \dfrac{6}{7} \times \dfrac{4}{3}$

$= \dfrac{1 \times \overset{2}{\cancel{6}} \times \overset{2}{\cancel{4}}}{\underset{1}{\cancel{2}} \times 7 \times \underset{1}{\cancel{3}}}$

$= \dfrac{4}{7}$

1 ◻︎ にあてはまる数をかきましょう。

① $\dfrac{5}{6} \times \dfrac{1}{9} \div \dfrac{5}{4} = \dfrac{5}{6} \times \dfrac{1}{9} \times \boxed{}$

$= \dfrac{5 \times 1 \times \boxed{}}{6 \times 9 \times \boxed{}}$

$= \boxed{}$

② $\dfrac{3}{5} \div \dfrac{4}{3} \times \dfrac{2}{5} = \dfrac{3}{5} \times \boxed{} \times \dfrac{2}{5}$

$= \dfrac{3 \times \boxed{} \times 2}{5 \times \boxed{} \times 5}$

$= \boxed{}$

約分できるときは、とちゅうで約分しておこう。

2 次の計算をしましょう。

① $\dfrac{3}{5} \times \dfrac{5}{4} \div \dfrac{2}{9}$

② $\dfrac{5}{9} \times \dfrac{3}{4} \div \dfrac{3}{2}$

③ $\dfrac{7}{12} \div \dfrac{5}{6} \times \dfrac{15}{14}$

④ $\dfrac{8}{9} \div \dfrac{2}{3} \div \dfrac{5}{12}$

⑤ $\dfrac{3}{7} \div 1\dfrac{5}{7} \times \dfrac{8}{9}$

！まちがい注意

⑥ $2\dfrac{2}{9} \div 3\dfrac{1}{3} \div \dfrac{5}{6}$

＋ー計算に強くなる！×÷

わる数の逆数をかけると、かけ算だけの式になるよ。約分も忘れないように。

ヒント ❷ ⑤ $1\dfrac{5}{7}$ を仮分数になおすと、$\dfrac{12}{7}$ となるので、逆数にしてかけ算しましょう。

練習 24 かけ算とわり算の混じった式(1)

答え 15 ページ

例題 ★ $\frac{7}{9} \times \frac{5}{8} \div 0.7$ の計算をしましょう。

解き方
$$\frac{7}{9} \times \frac{5}{8} \div 0.7 = \frac{7}{9} \times \frac{5}{8} \div \frac{7}{10}$$
$$= \frac{7}{9} \times \frac{5}{8} \times \frac{10}{7}$$
$$= \frac{\overset{1}{7} \times 5 \times \overset{5}{10}}{9 \times 8 \times \underset{1}{7}}$$
$$= \frac{25}{36}$$

◀かけ算とわり算の混じった式は、かけ算だけの式になおして計算します。

小数は分数の形になおして計算します。

わり算は、わる数を逆数にしてかけます。

1 ☐ にあてはまる数をかきましょう。

① $\frac{3}{4} \times 0.8 \div \frac{3}{5} = \frac{3}{4} \times \boxed{} \times \frac{5}{3}$

$= \frac{3 \times \boxed{} \times 5}{4 \times \boxed{} \times 3}$

$= \boxed{}$

② $2.4 \times \frac{1}{2} \div 1.2 = \frac{24}{10} \times \frac{1}{2} \times \boxed{}$

$= \frac{24 \times 1 \times \boxed{}}{10 \times 2 \times \boxed{}}$

$= \boxed{}$

2 次の計算をしましょう。

① $\frac{1}{2} \div \frac{1}{3} \div 0.7$

② $2.5 \div \frac{5}{7} \times \frac{7}{12}$

③ $2.7 \times \frac{3}{4} \div 4.5$

④ $1.4 \div \frac{1}{9} \div \frac{7}{4}$

⑤ $2.4 \times \frac{1}{7} \div 1.4$

🔍 よくみて
⑥ $9 \div 1.2 \div \frac{1}{6}$

⑥ $9 \div 1.2 \div \frac{1}{6} = \frac{9}{1} \times \frac{10}{12} \times \frac{6}{1}$ になるよ。

ヒント　**2** ① 0.7 を分数になおすと、$\frac{7}{10}$ となるので、$\frac{1}{2} \div \frac{1}{3} \div \frac{7}{10}$ を計算します。

練習 25 かけ算とわり算の混じった式(2)

答え 15 ページ

例題 ★次の問いに答えましょう。

① 6÷1.2÷0.5 の計算をしましょう。

② $48÷\dfrac{8}{5}$ と $48÷\dfrac{2}{3}$ で、商が大きいのはどちらですか。

◀整数、小数は分数の形に
なおしてから計算します。
わり算は、わる数を逆数
にしてかけます。

◀商の大きさ
わる数が分数のときにも
成り立ちます。

解き方 ① $6÷1.2÷0.5=\dfrac{6}{1}÷\dfrac{12}{10}÷\dfrac{5}{10}=\dfrac{6}{1}×\dfrac{10}{12}×\dfrac{10}{5}=\underline{10}$

② わる数＞１のとき、商＜わられる数

わる数＜１のとき、商＞わられる数　の関係が、わる数が

分数のときにも成り立ちます。$48÷\dfrac{8}{5}<48÷\dfrac{2}{3}$

答え　$48÷\dfrac{2}{3}$

1 次の計算をしましょう。

① 4÷0.6×0.8

② 1.2÷3.6÷0.8

③ 0.5÷6÷1.5

④ 0.8÷1.6×2.5

⑤ 1.6÷5÷0.6

⑥ 1.2÷0.4×0.5

2 次のわり算の式で、商が 12 より大きくなるものをすべて選びましょう。

㋐ $12÷\dfrac{7}{6}$

㋑ $12÷\dfrac{3}{5}$

㋒ $12÷1$

㋓ $12÷1\dfrac{1}{8}$

㋔ $12÷\dfrac{3}{2}$

㋕ $12÷\dfrac{5}{9}$

わる数を見ただけで、
12 より大きくなる
ものがわかるね。

(　　　　　　)

 ヒント ❶ ② 小数を分数になおして、$\dfrac{12}{10}÷\dfrac{36}{10}÷\dfrac{8}{10}$ を計算します。

練習 26 割合を表す分数(1)

答え 16 ページ

例題 ★次の問いに答えましょう。
① 20 cm は 50 cm の何倍ですか。
② 48 cm の $\frac{3}{4}$ は何 cm ですか。

解き方 ① もとにする量は 50 cm で、くらべる量は 20 cm だから、

$$20 \div 50 = \frac{2}{5}$$

答え $\frac{2}{5}$ 倍

② もとにする量は 48 cm で、割合が $\frac{3}{4}$ だから、

$$48 \times \frac{3}{4} = 36$$

答え 36 cm

◀くらべる量がもとにする量の何倍にあたるかを表した数が割合です。
割合＝くらべる量
　　　÷もとにする量
くらべる量
　＝もとにする量×割合
◀分数のときも、上の式が使えます。

1 ◻️にあてはまる数をかきましょう。

① 28 L の $\frac{4}{7}$ は ◻️ L です。

② $1\frac{4}{5}$ kg の $\frac{2}{3}$ は ◻️ kg です。

③ ◻️ m は $\frac{5}{8}$ m の $\frac{2}{5}$ です。

$\frac{5}{8}$ m

図にかいて考えてみよう！

2 次の問いに答えましょう。

① 40 m² の $\frac{3}{8}$ は何 m² ですか。

（　　　　　　）

② $\frac{5}{12}$ 時間の $\frac{9}{10}$ は何時間ですか。

（　　　　　　）

③ $\frac{7}{18}$ ha の $\frac{6}{7}$ は何 ha ですか。

（　　　　　　）

ヒント ① ② $1\frac{4}{5}$ は仮分数になおすと $\frac{9}{5}$ だから、$\frac{9}{5} \times \frac{2}{3}$ を計算します。

練習 27 割合を表す分数(2)

答え 16 ページ

例題 ★12 L は何 L の $\frac{2}{3}$ ですか。

解き方 12 L が □ L の $\frac{2}{3}$ とすると、

$$□×\frac{2}{3}=12$$

これより、□＝$12÷\frac{2}{3}$

$$=18 \qquad 答え　18 L$$

解き方 もとにする量＝くらべる量÷割合　にあてはめて、

$$12÷\frac{2}{3}=18 \qquad 答え　18 L$$

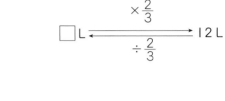

◀ もとにする量
　＝くらべる量÷割合

---

1 □ にあてはまる数をかきましょう。

① □ g の $\frac{3}{5}$ は 210 g です。

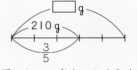

② 35 km は、□ km の $\frac{7}{5}$ にあたります。

③ □ m² をもとにすると、$\frac{7}{12}$ にあたる面積は 63 m² です。

図にかいて考えてみよう！

---

2 次の問いに答えましょう。

① 15 人が組全体の $\frac{3}{5}$ にあたるとき、この組の人数は何人ですか。

（　　　　　　　）

② $\frac{3}{4}$ L の油が 600 円のとき、この油 1 L の値段は何円ですか。

（　　　　　　　）

③ 土地全体の $\frac{2}{5}$ が 120 m² にあたるとき、この土地全体の面積は何 m² ですか。

（　　　　　　　）

ヒント **2** ① この組の人数を □ 人とすると、$□×\frac{3}{5}=15$ になります。

31

確かめのテスト 28 分数÷分数

1 次の計算をしましょう。　　　　　　　　　　　　各3点（18点）

① $\dfrac{2}{9} \div \dfrac{7}{8}$　　　　　　　② $\dfrac{2}{5} \div \dfrac{5}{7}$

③ $4 \div \dfrac{3}{7}$　　　　　　　④ $8 \div \dfrac{5}{6}$

⑤ $\dfrac{2}{3} \div \dfrac{1}{5} \div \dfrac{3}{7}$　　　　　⑥ $\dfrac{4}{7} \div \dfrac{1}{3} \div \dfrac{5}{8}$

2 次の計算をしましょう。　　　　　　　　　　　　各3点（18点）

① $\dfrac{2}{3} \div \dfrac{5}{6}$　　　　　　　② $\dfrac{8}{21} \div \dfrac{2}{9}$

③ $10 \div \dfrac{5}{7}$　　　　　　　④ $3 \div \dfrac{9}{10}$

⑤ $\dfrac{3}{4} \div \dfrac{3}{8} \div \dfrac{4}{9}$　　　　　⑥ $6 \div \dfrac{2}{3} \div \dfrac{3}{5}$

3 次の計算をしましょう。　　　　　　　　　　　　各4点（16点）

① $1\dfrac{2}{3} \div \dfrac{3}{8}$　　　　　　② $2\dfrac{1}{3} \div 1\dfrac{5}{6}$

③ $2\dfrac{2}{3} \div \dfrac{4}{9}$　　　　　　④ $2\dfrac{4}{5} \div 1\dfrac{2}{5}$

答え 17ページ

時間 30分　/100　合格 80点

学習日　月　日

4 次の計算をしましょう。 各4点（24点）

① $\dfrac{3}{5} \times \dfrac{2}{3} \div \dfrac{4}{5}$

② $\dfrac{3}{8} \div \dfrac{5}{6} \times \dfrac{4}{9}$

③ $2\dfrac{2}{7} \div \dfrac{8}{9} \times \dfrac{7}{15}$

④ $2\dfrac{4}{5} \div 1\dfrac{3}{7} \div \dfrac{7}{15}$

⑤ $3\dfrac{3}{4} \times 4\dfrac{2}{5} \div \dfrac{11}{12}$

⑥ $3\dfrac{1}{4} \div 2\dfrac{3}{5} \div 1\dfrac{5}{6}$

5 次の計算をしましょう。 各4点（16点）

① $\dfrac{1}{3} \div \dfrac{1}{9} \div 0.3$

② $2.4 \times 0.5 \div 1.2$

できたらスゴイ！

③ $1.6 \times 1.8 \div \dfrac{4}{5}$

④ $\dfrac{4}{9} \div 2.5 \times 1\dfrac{1}{8}$

6 次の問いに答えましょう。 各4点（8点）

① 10人が組全体の $\dfrac{2}{7}$ にあたるとき、この組全体の人数は何人ですか。

(　　　　　　　　)

② $\dfrac{3}{5}$ m のリボンが240円のとき、このリボン1mの値段は何円ですか。

(　　　　　　　　)

練習 ㉙ 円の面積の公式

答え　18ページ

例題 ★半径3cmの円の面積は何cm²ですか。

解き方 公式にあてはめて求めます。

3×3×3.14＝28.26

◀円の面積
＝半径×半径 ×3.14

答え　28.26 cm²

1 次の円の面積を求めましょう。

① 半径10cmの円

② 半径6cmの円

（　　　　　）　（　　　　　）

③ 直径4cmの円

④ 直径10cmの円

（　　　　　）　（　　　　　）

⑤ 半径1cmの円

長さが直径でかかれて
いるときは、2でわって
半径の長さを求めよう。

（　　　　　）

2 右の図のように、㋐、㋑の2つの円があります。次の問いに答えましょう。

① ㋐の面積は何cm²ですか。

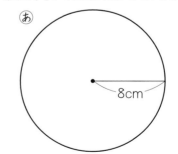
㋐ 8cm

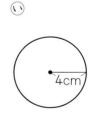
㋑ 4cm

（　　　　　）

② ㋑の面積は何cm²ですか。

（　　　　　）

🔍 **よくみて**

③ ㋐の面積は㋑の面積の何倍になっていますか。

（　　　　　）

ヒント ❷ ③ くらべる量（㋐の面積）÷もとにする量（㋑の面積）で求められるよ。

答え 18 ページ

1 下の図形の色のついた部分の面積を求めましょう。

① 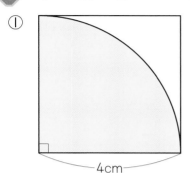　　② 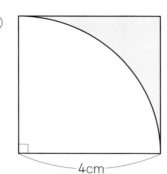　　③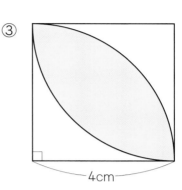

4cm　　　　4cm　　　　4cm

(　　　　　　)　(　　　　　　)　(　　　　　　)

2 下の図形の色のついた部分の面積を求めましょう。

①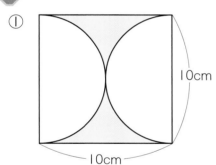

10cm

10cm

②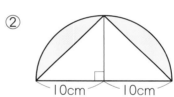

10cm　10cm

半円から、直角三角形
をひいたものだね。

(　　　　　　)　　　　　(　　　　　　)

！まちがい注意

③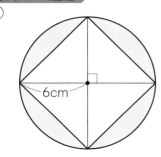

6cm

(　　　　　　)

＋－計算に強くなる！×÷

いろいろな図形の面積が、正方形－
円、円－正方形、円－三角形などの
式で、求められることを知っておこう。

ヒント　**2** ③　円からひし形をひいた面積を求めるよ。6cmのところが他にもあるよ。わかるかな。

学習日　　月　　日

時間 **30** 分

／100

合格 **80** 点

答え **19** ページ

1 次の円の面積を求めましょう。

各6点(24点)

①　半径5cm の円

②　直径14cm の円

（　　　　　　　　　）　　　　　　　　　（　　　　　　　　　）

③　円周18.84cm の円

④　円周37.68cm の円

（　　　　　　　　　）　　　　　　　　　（　　　　　　　　　）

2 半径12cm の円の中に、半径8cm の円と半径4cm の円がはいっています。次の問いに答えましょう。

各7点(21点)

①　半径4cm の円の面積は何 cm² ですか。

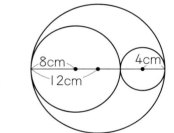

（　　　　　　　　　）

②　半径8cm の円の面積は何 cm² ですか。

（　　　　　　　　　）

③　半径12cm の円の面積は、中の2つの円の面積の和の何倍になりますか。

（　　　　　　　　　）

3 右の図形の色のついた部分の面積を求めましょう。

(7点)

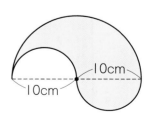

（　　　　　　　　　）

④ 下の図形の色のついた部分の面積を求めましょう。

①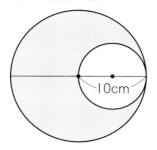

②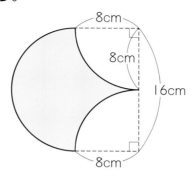

(　　　　　)　　　　　(　　　　　)

③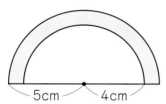

④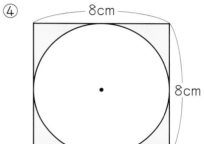

(　　　　　)　　　　　(　　　　　)

⑤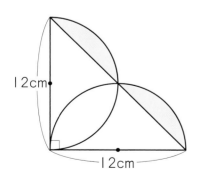

できたらスゴイ！

⑥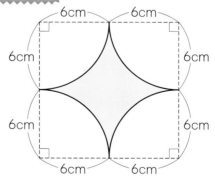

(　　　　　)　　　　　(　　　　　)

32 計算の復習テスト①

本文　2〜37ページ　答え　20ページ

1 次の計算をしましょう。

各2点(8点)

① $\dfrac{3}{7} \times \dfrac{2}{5}$

② $\dfrac{5}{6} \times \dfrac{5}{9}$

③ $\dfrac{1}{3} \times \dfrac{4}{5} \times \dfrac{7}{9}$

④ $8 \times \dfrac{4}{9} \times \dfrac{2}{5}$

2 次の計算をしましょう。

各3点(12点)

① $\dfrac{5}{8} \times \dfrac{4}{9}$

② $\dfrac{5}{12} \times \dfrac{9}{10}$

③ $\dfrac{3}{4} \times \dfrac{5}{9} \times \dfrac{8}{5}$

④ $\dfrac{4}{21} \times 7 \times \dfrac{3}{8}$

3 次の計算をしましょう。

各3点(12点)

① $1\dfrac{1}{6} \times 2\dfrac{1}{5}$

② $2\dfrac{3}{7} \times 1\dfrac{1}{4}$

③ $1\dfrac{4}{5} \times 1\dfrac{1}{9}$

④ $2\dfrac{5}{8} \times 1\dfrac{5}{7}$

4 次の計算をしましょう。

各3点(12点)

① $\dfrac{2}{5} \div \dfrac{3}{7}$

② $\dfrac{5}{9} \div \dfrac{3}{4}$

③ $\dfrac{4}{3} \div \dfrac{3}{8} \div \dfrac{5}{7}$

④ $\dfrac{2}{9} \div 7 \div \dfrac{3}{5}$

5 次の計算をしましょう。 各3点(12点)

① $\dfrac{9}{20} \div \dfrac{5}{8}$

② $\dfrac{8}{3} \div \dfrac{14}{9}$

③ $\dfrac{9}{8} \div \dfrac{6}{7} \div \dfrac{21}{4}$

④ $\dfrac{10}{9} \div 5 \div \dfrac{7}{6}$

6 次の計算をしましょう。 各3点(12点)

① $2\dfrac{1}{5} \div 1\dfrac{4}{7}$

② $4\dfrac{1}{3} \div 1\dfrac{4}{9}$

③ $1\dfrac{3}{7} \div 2\dfrac{4}{5}$

④ $2\dfrac{5}{8} \div 1\dfrac{3}{4}$

7 次の計算をしましょう。 各4点(24点)

① $\dfrac{3}{8} \times \dfrac{4}{7} \div \dfrac{3}{7}$

② $\dfrac{5}{6} \div \dfrac{3}{8} \times \dfrac{9}{20}$

③ $0.4 \div 2.8 \times 2.1$

④ $1.6 \div 1.2 \times 2.5$

⑤ $0.8 \div 1\dfrac{3}{5} \times \dfrac{6}{7}$

⑥ $1\dfrac{3}{7} \times 0.6 \div 1\dfrac{5}{7}$

8 下の図の色のついた部分の面積を求めましょう。 各4点(8点)

①

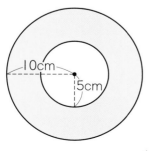

②

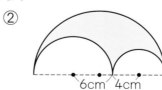

(　　　　　)　　　　　　　　　　　　　　(　　　　　)

39

練 習 ③③ 角柱の体積

答え　21 ページ

例題

★右の図のような三角柱の体積を求めましょう。

解き方 底面積は、 9×6÷2＝27（cm²）

高さは3cmだから、三角柱の体積は、

27×3＝81（cm³）

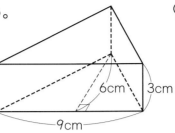

◀どんな角柱の体積も、同じ公式で求められます。

角柱の体積を求める公式は、

角柱の体積

　＝底面積×高さ

1 右の図のような三角柱の体積を、次のようにして求めました。

□にあてはまる数をかきましょう。

底面積は、 3×□÷2＝□（cm²）

高さは6cmだから、体積は、 □×6＝□（cm³）

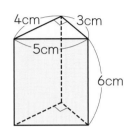

2 次の角柱の体積を求めましょう。

①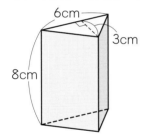

②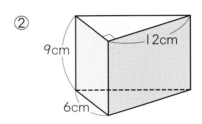

（　　　　　　　）　　　　　　　（　　　　　　　）

！まちがい注意

③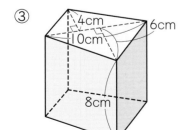

④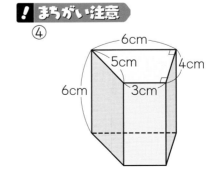

底面は台形になってるね。

（　　　　　　　）　　　　　　　（　　　　　　　）

ヒント ❷ ③ 底面積は、底辺を10cmとした2つの三角形の面積の和です。

練習 ③④ 円柱の体積

答え 21 ページ

例題 ★右の図のような円柱の体積を求めましょう。

解き方 底面積は、 4×4×3.14＝50.24（cm²）

高さは 10 cm だから、円柱の体積は、

50.24×10＝<u>502.4（cm³）</u>

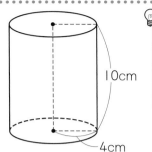

◀円柱の体積も、角柱の体積と同じように、次の公式で求められます。
円柱の体積
＝底面積×高さ

---

1 右の図のような円柱の体積を、次のようにして求めました。

◯にあてはまる数をかきましょう。

底面積は、 □×□×3.14＝□（cm²）

高さは8cm だから、体積は、 □×8＝□（cm³）

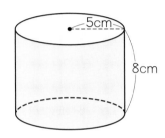

---

2 次の円柱の体積を求めましょう。

①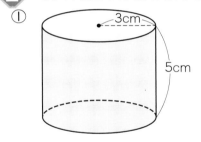

②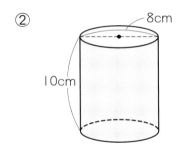

（　　　　　　　）　　　　　　　　（　　　　　　　）

よくみて

③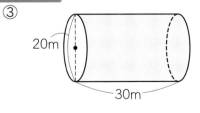

④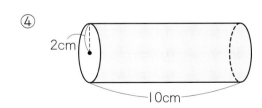

底面は直径20mの円になるね。

（　　　　　　　）　　　　　　　　（　　　　　　　）

ヒント **2** ④ 底面が半径2cm の円で、高さが 10 cm の円柱です。

1 次の角柱の体積を求めましょう。

各10点(50点)

①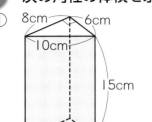

8cm　6cm
10cm
15cm

(　　　　　　　　)

②

12m
9m
4m

(　　　　　　　　)

③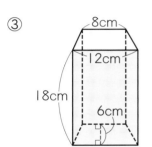

8cm
12cm
18cm
6cm

(　　　　　　　　)

④

5cm
10cm
7cm
9cm

(　　　　　　　　)

⑤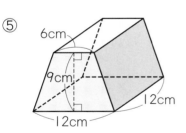

6cm
9cm
12cm
12cm

(　　　　　　　　)

できたらスゴイ!

2 右の図のような図形を底面とする、高さ8cmの五角柱があります。
この五角柱の体積は何cm³ですか。

(10点)

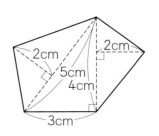

2cm
2cm
5cm
4cm
3cm

(　　　　　　　　)

3 次の円柱の体積を求めましょう。

各10点(40点)

①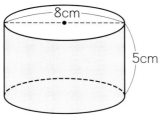

②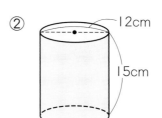

(　　　　　　) (　　　　　　)

③

④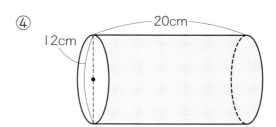

(　　　　　　) (　　　　　　)

はってん 四角すいの体積

1 下の図は、底面積と高さが同じ四角柱と四角すいです。□にあてはまる数をかきましょう。

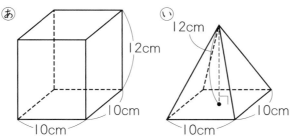

① あの四角柱の体積は □ cm³ です。

② いの四角すいの体積はあの四角柱の体積の $\frac{1}{3}$ になります。

　いの四角すいの体積は 400 cm³ です。

 ◀四角すいの体積

底面積と高さが同じ四角柱と四角すいの体積をくらべると、四角すいの体積は四角柱の体積の $\frac{1}{3}$ になります。

四角すいの体積
＝底面積×高さ÷3
の公式で求めることができます。

練習 36 比の表し方と比の値

答え 23 ページ

例題
★縦2m、横3m、高さ5mの直方体があります。
① この直方体の縦の長さと横の長さの比をかきましょう。
② この直方体の縦の長さと高さの比をかきましょう。
③ この直方体の横の長さは高さの何倍になっていますか。

◀2と3の割合を「：」の記号を使って、2：3と表すことがあります。このように表された割合を比といいます。

解き方 ① 縦の長さと横の長さの比は、 2：3

② 縦の長さと高さの比は、 2：5

③ 横の長さは高さの、 $3 \div 5 = \dfrac{3}{5}$ （倍）…比の値

◀くらべる量がもとにする量の何倍になっているかを表すのが比の値です。

1 次の比をかきましょう。

① 20Lと15Lの比

（　　　　　　）

② 100円と500円の比

（　　　　　　）

③ 3kgと2.4kgの比

（　　　　　　）

④ $\dfrac{4}{5}$Lと$\dfrac{2}{3}$Lの比

（　　　　　　）

2 次の比の値を求めましょう。

① 10：35

（　　　　　　）

② 0.8：2

（　　　　　　）

③ 8：0.6

（　　　　　　）

よくみて

④ $\dfrac{1}{3} : \dfrac{3}{4}$

（　　　　　　）

3 右の直方体について、次の問いに答えましょう。

① 縦と横の長さの比をかきましょう。

（　　　　　　）

② 縦の長さと高さの比をかきましょう。

（　　　　　　）

③ 横の長さと高さの比をかきましょう。

（　　　　　　）

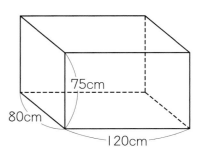

2：5は
2対5と
よむのね。

ヒント　2 ④ $\dfrac{1}{3} \div \dfrac{3}{4} = \dfrac{1}{3} \times \dfrac{4}{3}$ を計算します。

練習 ③7 等しい比

答え 23ページ

例題 ★次の比と等しい比を、下の⑦〜⑨から選びましょう。
　　① 40：60　　　　　　　　② 15：25

　　　　⑦ 4：6　　⑦ 5：4　　⑨ 30：50

💡◀□：△の両方の数に同じ数をかけたり、両方の数を同じ数でわったりしてできる比はみんな□：△に等しくなります。

解き方 ① 40：60 の両方の数を 10 でわって、4：6…⑦
　　　　② 15：25 の両方の数に 2 をかけて、30：50…⑨

① 次の比と等しい比を、下の［ ］から選んで、「＝」を使って、式にかきましょう。
　① 30：20　　　　　　　　　　② 18：27

　　　　　　（　　　　　　　）　　　　　　　（　　　　　　　）

　③ 0.4：0.9　　　　　　　　　④ $\frac{4}{5}$：$\frac{3}{4}$

　　　　　　（　　　　　　　）　　　　　　　（　　　　　　　）

　　　　4：9　　6：9　　6：4　　16：15

② 次の x にあてはまる数を求めましょう。

　① 3：7＝x：35　　　　　　　② 24：18＝4：x

　　　　　　（　　　　　　　）　　　　　　　（　　　　　　　）

！まちがい注意

　③ 0.5：1.5＝2：x　　　　　　④ $\frac{2}{3}$：$\frac{3}{5}$＝10：x

　　　　　　（　　　　　　　）　　　　　　　（　　　　　　　）

③ 次の比と等しい比を、3つつくりましょう。
　① 4：3　　　　　　　　　　　② 5：7

　（　　　　）（　　　　）（　　　　）　（　　　　）（　　　　）（　　　　）

ヒント　②④ $\frac{2}{3}$×15＝10 だから、x＝$\frac{3}{5}$×15 で求められます。

練習

38 比を簡単にする

答え　24 ページ

例題 ★次の比を簡単にしましょう。
　　① 35：45　　　　　　② 60：24

解き方 ① 35：45 の両方の数を 5 でわって、
　　　比を簡単にすると、<u>7：9</u>
　　② 60：24 の両方の数を 12 でわって、
　　　比を簡単にすると、<u>5：2</u>

💡◀比を、それと等しい比でできるだけ小さい整数の比になおすことを、「比を簡単にする」といいます。

1 次の比を簡単にしましょう。
　① 48：36　　　　　　　　　　② 30：75

　　　　　　　（　　　　　　）　　　　　　　　　　（　　　　　　）

　③ 72：20　　　　　　　　　　④ 120：54

　　　　　　　（　　　　　　）　　　　　　　　　　（　　　　　　）

2 次の比を簡単にしましょう。
　① 0.5：1.5　　　　　　　　　② 3.9：5.1

　　　　　　　（　　　　　　）　　　　　　　　　　（　　　　　　）

　③ 4：1.6　　　　　　　　　　④ 2.2：3

　　　　　　　（　　　　　　）　　　　　　　　　　（　　　　　　）

3 次の比を簡単にしましょう。
　① $\dfrac{1}{2}：\dfrac{1}{6}$　　　　　　　　② $\dfrac{3}{4}：\dfrac{5}{6}$

　　　　　　　（　　　　　　）　　　　　　　　　　（　　　　　　）

　③ $8：\dfrac{2}{7}$　　　　　　　　④ $9：\dfrac{18}{5}$

　　　　　　　（　　　　　　）　　　　　　　　　　（　　　　　　）

ヒント **2** ③ 小数を整数にするには、4：1.6 の両方の数に 10 をかけます。

例題

★コーヒー牛乳を作るのに、コーヒーと牛乳を 7：3 の割合で混ぜました。次の問いに答えましょう。　◀等しい比や比の値を使って考えます。

① コーヒーを 70 mL 入れたとき、牛乳は何 mL 入れましたか。

② コーヒー牛乳を 200 mL 作りました。コーヒーは何 mL 入れましたか。

解き方 ① 牛乳の量を x mL として、等しい比をつくります。

$$7：3＝70：x \qquad x＝3×10＝30$$

（×10）

答え　30 mL

② コーヒーの量を x mL として、コーヒー牛乳全体の量の何倍になるかを考えます。

コーヒー　牛乳
7　：　3
↓
コーヒー　コーヒー牛乳
7　：　10

7　：　10
x mL：200 mL

$x＝200×\dfrac{7}{10}$
$＝140$

答え　140 mL

1 次の問いに答えましょう。

① 縦と横の長さの比が 5：2 となるように長方形をつくります。横の長さが 24 cm のとき、縦の長さは何 cm ですか。

（　　　　　　　）

② ゆづきさんは、150 cm のリボンを長さの比が 2：3 になるように切り分けました。長い方のリボンは何 cm ですか。

（　　　　　　　）

③ れんさんは、252 ページある本を読んでいます。読んだページと残っているページの割合は 7：5 です。残っているページは何ページありますか。

（　　　　　　　）

④ まみさんと妹は、ブレスレットをつくるため、あわせて 350 個のビーズを持っています。まみさんと妹の持っているビーズの個数の割合は、16：9 です。妹は何個のビーズを持っていますか。

（　　　　　　　）

 ヒント　**1** ② 長さの比が 2：3 なので、全体は 5 だね。長い方のリボンは、全体の何倍になるかを考えましょう。

1 次の比をかきましょう。

各3点(12点)

① 12 m と 5 m の比

② 81 点と 100 点の比

(　　　　　　　)　　　　　　　　(　　　　　　　)

③ 48 m³ と 37 m³ の比

④ 21 kg と 71 kg の比

(　　　　　　　)　　　　　　　　(　　　　　　　)

2 次の比の値を求めましょう。

各3点(18点)

① 2 : 7

② 12 : 18

(　　　　　　　)　　　　　　　　(　　　　　　　)

③ 0.6 : 2

④ 1.5 : 4

(　　　　　　　)　　　　　　　　(　　　　　　　)

⑤ $\frac{2}{3} : \frac{4}{5}$

⑥ $\frac{5}{8} : \frac{3}{4}$

(　　　　　　　)　　　　　　　　(　　　　　　　)

3 次の比と等しい比を、下の[　　]から選んで、「＝」を使って、式にかきましょう。

各3点(12点)

① 24 : 42

② 5 : 7

(　　　　　　　)　　　(　　　　　　　)

できたらスゴイ!

③ $0.9 : \frac{5}{6}$

④ $\frac{2}{9} : \frac{2}{5}$

(　　　　　　　)　　　(　　　　　　　)

[　25 : 35　　27 : 25　　4 : 7　　5 : 9　]

48

④ 次の x にあてはまる数を求めましょう。　　　　　　　　　　　　　　各4点(24点)

① $5 : 6 = x : 36$

② $49 : 28 = 7 : x$

(　　　　　　　　)　　　　　　　　(　　　　　　　　)

③ $0.9 : 0.8 = x : 8$

④ $0.2 : 1.2 = 1 : x$

(　　　　　　　　)　　　　　　　　(　　　　　　　　)

⑤ $\dfrac{5}{6} : \dfrac{3}{4} = x : 9$

⑥ $\dfrac{5}{7} : \dfrac{3}{5} = 50 : x$

(　　　　　　　　)　　　　　　　　(　　　　　　　　)

⑤ 次の比を簡単にしましょう。　　　　　　　　　　　　　　各4点(24点)

① $24 : 18$

② $20 : 28$

(　　　　　　　　)　　　　　　　　(　　　　　　　　)

③ $3 : 1.2$

④ $3.2 : 4.8$

(　　　　　　　　)　　　　　　　　(　　　　　　　　)

⑤ $\dfrac{5}{8} : \dfrac{7}{8}$

⑥ $\dfrac{7}{9} : \dfrac{5}{6}$

(　　　　　　　　)　　　　　　　　(　　　　　　　　)

できたらスゴイ!

⑥ 底面の円の直径と高さの比が $12 : 5$ となるように円柱をつくります。底面の円の直径が $6\,cm$ のとき、高さは何 cm になりますか。　　　　　　　　(10点)

(　　　　　　　　)

練習 41 拡大図と縮図

答え 26 ページ

例題

★三角形DEFは、三角形ABCの拡大図です。辺DFの長さ、角Cの大きさを求めましょう。

解き方 BC＝9cm、EF＝12cm より、三角形DEFは三角形ABCの $\frac{4}{3}$ 倍の拡大図です。 DF＝6×$\frac{4}{3}$＝<u>8（cm）</u>

拡大図では、対応する角の大きさは等しいので、

角C＝角F＝<u>70°</u>

◀拡大した図形を拡大図というのに対し、縮小した図形を縮図といいます。拡大図や縮図では、対応する辺の長さの比はすべて等しく、対応する角の大きさはそれぞれ等しくなっています。

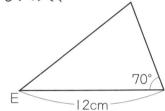

1 三角形①は、三角形⑧の拡大図です。次の問いに答えましょう。

① 角Eの大きさは何度ですか。

（　　　　　　　　）

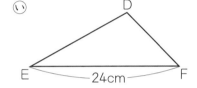

② 三角形①は三角形⑧の何倍の拡大図ですか。

辺BCと対応する辺は辺EFだね。これで、何倍に拡大したかわかるね。

（　　　　　　　　）

③ 辺DEの長さは何cmですか。

（　　　　　　　　）

2 三角形ADEは、三角形ABCの縮図です。次の問いに答えましょう。

① 辺ABの長さは何cmですか。

（　　　　　　　　）

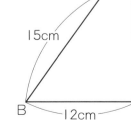

② 三角形ADEは、三角形ABCの何分の1の縮図になっていますか。

（　　　　　　　　）

③ 辺DEの長さは何cmですか。

（　　　　　　　　）

 **2** ② 辺ADの長さと辺ABの長さがわかっています。辺ABの長さの何分の1が辺ADの長さになるかを考えましょう。

練習 42 縮図の利用

答え 26 ページ

例題

★次の問題に答えましょう。

① 長さ 50 m の橋を、$\frac{1}{1000}$ の縮図にかくと長さは何 cm になりますか。

② 5 km の道のりを、25 cm に縮めて地図にかきました。この地図の縮尺は何分の1ですか。

💡◀縮図から実際の長さを求めるには、縮図上の長さをはかって、縮小された割合でわります。そのときに、単位をまちがえないようにすることが重要です。

解き方 ① 50 m＝5000 cm、$5000 \times \frac{1}{1000} = \underline{5}$ (cm)

② 5 km＝500000 cm、$25 \div 500000 = \underline{\frac{1}{20000}}$

1 学校のしき地は縦 120 m、横 144 m の長方形の形をしています。この学校のしき地の縮図を、縦 6 cm にしてかこうと思います。次の問いに答えましょう。

① 縮図は、何分の1の縮尺にすればよいですか。

(   )

② この縮図では、横は何 cm になりますか。

(   )

③ この縮図で 2 cm の長さは、実際には何 m になりますか。

(   )

2 $\frac{1}{1500}$ の縮尺で、底辺が 5 cm、高さが 4 cm の三角形の土地があります。次の問いに答えましょう。

① 底辺の長さは、実際には何 m になりますか。

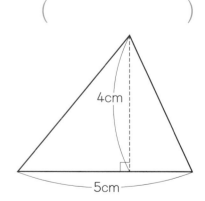

(   )

② 高さは、実際には何 m になりますか。

(   )

③ この土地の実際の面積は何 m² ありますか。

(   )

ヒント 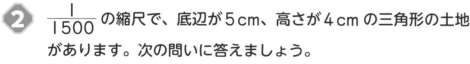 ② ① 底辺の長さ＝実際の長さ×$\frac{1}{1500}$ だから、実際の長さ＝底辺の長さ÷$\frac{1}{1500}$ で求められるよ。「÷$\frac{1}{1500}$」は「×1500」で計算しましょう。

43 図形の拡大と縮小

1 右の図の三角形ADEは、三角形ABCの拡大図です。
次の問いに答えましょう。　　　　各5点(20点)

① 角⑦の大きさは何度ですか。

（　　　　　　　　　　）

② 辺DAの長さは何cmですか。

（　　　　　　　　　　）

③ 三角形ADEは、三角形ABCの何倍の拡大図になっていますか。

（　　　　　　　　　　）

④ 辺DEの長さは何cmですか。

（　　　　　　　　　　）

（図：三角形。Dの下に5cm、Bの下に75°、10cm、8cm、45°、⑦、A、C、E）

2 右の図の三角形ADEは、三角形ABCの縮図です。
次の問いに答えましょう。　　　　各5点(15点)

① 辺ACの長さは何cmですか。

（　　　　　　　　　　）

② 三角形ADEは、三角形ABCの何分の1の縮図に
なっていますか。

（　　　　　　　　　　）

③ 辺DEの長さは何cmですか。

（　　　　　　　　　　）

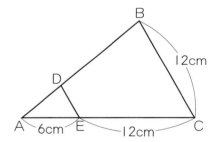

（図：三角形。12cm、D、A、6cm、E、12cm、C、B）

3 縮尺 $\dfrac{1}{25000}$ の地図上で6cmの長さは、実際には何kmになりますか。　　　　(8点)

（　　　　　　　　　　）

わくわく　算数
（啓林館）

教科書のもくじ	本書のページ
1　対称な図形	—
2　文字と式	2 ～ 5
3　分数×整数、分数÷整数	6 ～ 9
4　分数×分数	10 ～ 21
5　分数÷分数	22 ～ 33
6　場合を順序よく整理して	—
7　円の面積	34 ～ 37
8　立体の体積	40 ～ 43
9　データの整理と活用	—
0　比とその利用	44 ～ 49
1　図形の拡大と縮小	50 ～ 53
2　比例と反比例	54 ～ 59
3　およその形と大きさ	60 ～ 63
●　6年のまとめ	66 ～ 77

みんなと学ぶ　小学校　算数
（学校図書）

教科書のもくじ	本書のページ
1　対称	—
2　文字と式	2 ～ 5
3　分数と整数のかけ算とわり算	6 ～ 9
4　分数×分数	10 ～ 21
5　分数÷分数	22 ～ 33
6　資料の整理	—
7　ならべ方と組み合せ方	—
8　小数と分数の計算	15、29、33
●　倍の計算～分数倍～	30 ～ 31、33
9　円の面積	34 ～ 37、60、62～63
10　立体の体積	40 ～ 43、61、63
11　比とその利用	44 ～ 49
12　拡大図と縮図	50 ～ 53
13　比例と反比例	54 ～ 59
14　データの活用	—
15　算数のまとめ	66 ～ 77

	小学算数 （日本文教出版）	
	教科書のもくじ	本書の ページ
1	対称な図形	—
2	文字と式	2〜5
3	分数のかけ算とわり算	6〜9
4	分数のかけ算	10〜21
5	分数のわり算	22〜33
6	倍を表す分数	30〜31 33
7	データの調べ方	—
8	円の面積	34〜37
9	角柱と円柱の体積	40〜43
10	場合の数	—
11	比	44〜49
12	拡大図と縮図	50〜53
13	およその面積と体積	60〜63
14	比例と反比例	54〜59
●	6年間のまとめ	66〜77

	小学　算数 （教育出版	
	教科書のもくじ	本書の ページ
1	文字を使った式	2〜5
2	分数と整数の かけ算、わり算	6〜9
3	対称な図形	—
4	分数のかけ算	10〜2
5	分数のわり算	22〜3
6	データの見方	—
7	円の面積	34〜3
8	比例と反比例	54〜5
9	角柱と円柱の体積	40〜4
10	比	44〜4
11	拡大図と縮図	50〜5
●	およその面積と体積	60〜6
12	並べ方と組み合わせ	—
●	算数のまとめ	66〜7

4 右の図のような四角形の土地があります。
30 m の長さのAHを 12 cm に縮めて縮図をかきました。次
の問いに答えましょう。　　　　　　　　　　　各6点(18点)

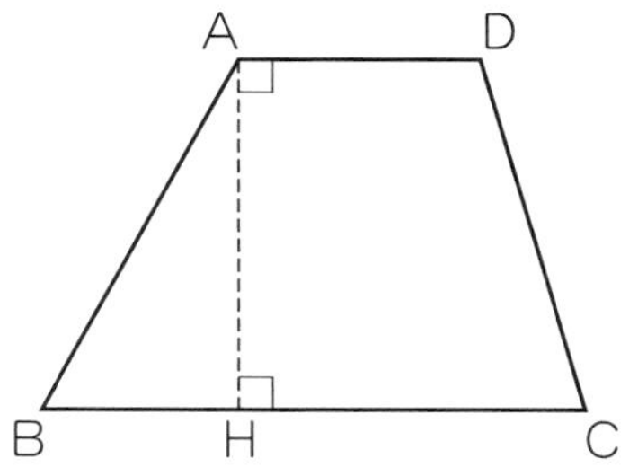

① この縮図の縮尺は何分の1ですか。

（　　　　　　　　　　）

② 辺BCの実際の長さは 45 m です。縮図上の長さは何 cm ですか。

（　　　　　　　　　　）

③ 縮図上の辺ADの長さは8cm です。実際の長さは何 m ですか。

（　　　　　　　　　　）

5 地図をかくのに、5 km の長さを 10 cm に縮めてかきました。次の問いに答えましょう。

各6点(18点)

① この地図の縮尺は何分の1ですか。

（　　　　　　　　　　）

② この地図上で 24 cm の長さは、実際には何 km ありますか。

（　　　　　　　　　　）

③ 実際に 4 km ある長さは、この地図上では何 cm に表されますか。

（　　　　　　　　　　）

6 縦6m、横 10 m の長方形の形をした土地の縮図をかくとき、縦
の長さを 30 cm にしました。次の問いに答えましょう。

各7点(21点)

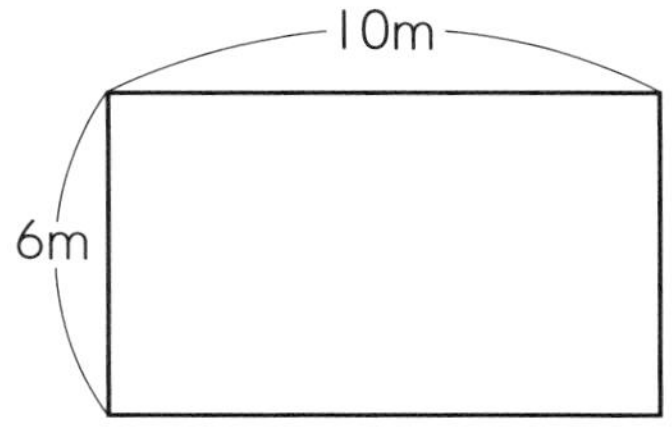

① この縮図の縮尺は何分の1ですか。

（　　　　　　　　　　）

② 縮図上では、横の長さは何 cm になりますか。

（　　　　　　　　　　）

できたらスゴイ!
③ 縮図の面積は、実際の面積の何分のいくつですか。

（　　　　　　　　　　）

53

練習  44 比 例

答え 28 ページ

例題

★右の表は、水そうに水を入れたときの時間と水の深さの関係を調べたものです。次の問いに答えましょう。

① 時間が2倍、3倍、…になると、水の深さはどのように変化していますか。

② 水の深さを時間でわると、いくつになりますか。

時間 （分）	1	2	3	4	5
水の深さ (cm)	3	6	9	12	15

◀比例…一方の値が2倍、3倍、…になると、他方の値も2倍、3倍、…になります。また、$\frac{1}{2}$、$\frac{1}{3}$、…になると、他方の値も$\frac{1}{2}$、$\frac{1}{3}$、…になるような関係で、他方の値を一方の値でわると、きまった数になります。

解き方 ① 表から、水の深さも、<u>2倍、3倍、…になる。</u>

② 1分では3÷1＝3、2分では6÷2＝3、3分では9÷3＝3で、いつもきまった数の<u>3</u>になる。

1 次のことがらのうち、ともなって変わる2つの量が比例しているものをすべて選び、記号で答えましょう。

㋐ ある人の年れいと体重

㋑ 時速60kmで走る自動車の走った時間と道のり

㋒ 正方形の1辺の長さと面積

㋓ 正三角形の1辺の長さと周りの長さ

㋔ 500円持っているとき、使ったお金と残りのお金

一方の値が2倍、3倍になると、他方の値も2倍、3倍になっているか確かめよう。

（　　　　　　　　）

2 比例する関係では、x と y は、$y＝$きまった数$×x$ の式で表されます。次の表にまとめた2つの数量 x、y の関係が、比例の関係になっているものをすべて選び、記号で答えましょう。

㋐

x	1	2	3	4	5	6
y	9	8	7	6	5	4

㋑

x	1	2	3	4	5	6
y	2	4	6	8	10	12

㋒

x	1	2	3	4	5	6
y	1	3	5	7	9	11

㋓

x	1	2	3	4	5	6
y	4	8	12	16	20	24

（　　　　　　　　）

📖 よくよんで

3 次の2つの数量 x、y は比例しています。表のあいているところにあてはまる数を入れましょう。

①
×2　×4

x	10	20	40	
y	30		120	180

×2　×4

②
$×\frac{1}{2}$

x	1	2	3	
y		12	18	30

$×\frac{1}{2}$

💡ヒント

① ㋑ 道のり＝速さ×時間 だね。時間を x、道のりを y とおきかえてみましょう。$y＝$きまった数$×x$ の式になれば比例です。

練習 45 比例のグラフ

答え 28 ページ

例題

★時速 50 km で走る自動車の、走った時間と進む道のりの関係をグラフに表しましょう。

解き方 走った時間を x 時間、進む道のりを y km として表にすると、

x（時間）	1	2	3	4	5
y（km）	50	100	150	200	250

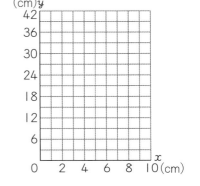

となります。対応する x、y の値の組を表す点を順につなぐと、上のようなグラフになります。

◀比例のグラフ…比例する2つの量の関係をグラフに表すと、横軸と縦軸の交わる点を通る直線になります。

---

1 次の表は、正三角形の 1 辺の長さ x cm と周りの長さ y cm の関係を調べたものです。

x（cm）	1	2	3	4	5	6
y（cm）	3	6	9	12	15	18

① 上の表の x と y の関係を式に表しましょう。

（　　　　　　　　　　　）

② 1 辺の長さ x cm と周りの長さ y cm の関係を右のグラフに表しましょう。

---

2 右のグラフは、針金の長さと重さの関係を表したものです。次の問いに答えましょう。

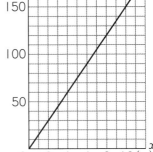

① 針金の長さが 4 m のときの重さは何 g ですか。

（　　　　　　　　　　　）

② 針金の重さが 120 g のときの長さは何 m ですか。

（　　　　　　　　　　　）

③ x と y の関係を式に表しましょう。

（　　　　　　　　　　　）

よくみて

④ 針金の長さが 7 m のときの重さは何 g ですか。

（　　　　　　　　　　　）

 **2** ④ グラフをみても針金の長さが 7 m のときの重さは求められません。式を使って求めましょう。

練習 46 反比例

答え 29 ページ

例題 ★右の表は、面積が 24 cm² の長方形の縦の長さと横の長さの関係を調べたものです。次の問いに答えましょう。

縦の長さ（cm）	1	2	3	6	12
横の長さ（cm）	24	12	8	4	2

① 縦の長さが2倍、3倍、…になると、横の長さはどのように変化していますか。

② 縦の長さと横の長さをかけると、いくつになりますか。

◀反比例…一方の値が2倍、3倍、…になると、他方の値が $\frac{1}{2}$、$\frac{1}{3}$、…になります。一方の値と他方の値の積は、きまった数になります。

解き方 ① 表から、横の長さは、$\frac{1}{2}$、$\frac{1}{3}$、…になる。

② 1×24＝24、2×12＝24、3×8＝24、6×4＝24、12×2＝24 で、いつもきまった数の 24 になる。

1 次のことがらのうち、ともなって変わる2つの量が反比例しているものをすべて選び、記号で答えましょう。

㋐ ろうそくの燃える時間と残ったろうそくの長さ

㋑ 60 km の道のりを行くときの時速と時間

㋒ 1日のうちの昼の時間と夜の時間

㋓ ばねばかりにおもりをつるしたときの、おもりの重さとばねののび

㋔ 48 cm のリボンを均等に分けるときの人数と1人分の長さ

一方の値が2倍、3倍、…になると、他方の値は $\frac{1}{2}$、$\frac{1}{3}$、…になっているか確かめよう。

（　　　　　　　）

2 反比例する関係では、x と y は、$y＝$きまった数$÷x$ の式で表されます。次の表にまとめた2つの数量 x、y の関係が、反比例の関係になっているものをすべて選び、記号で答えましょう。

㋐
x	1	2	3	4	5	6
y	2	5	8	11	14	17

㋑
x	1	2	3	4	5	6
y	48	24	16	12	9.6	8

㋒
x	1	2	3	4	6	12
y	12	6	4	3	2	1

㋓
x	1	2	3	4	5	6
y	11	12	13	14	15	16

（　　　　　　　）

3 次の2つの数量 x、y は反比例しています。表のあいているところにあてはまる数を入れましょう。

①
x	2	4	6	
y	18		6	4

（×2　×3　×$\frac{1}{2}$　×$\frac{1}{3}$）

🔍**よくみて**

②
x	1	2	3	
y		15	10	5

（×$\frac{1}{2}$　×2）

ヒント ㋑ 時間＝道のり÷速さ です。
速さを x、時間を y とおきかえた式が $y＝$きまった数$÷x$ で表せるでしょうか。

練習 47 反比例の式

答え 29 ページ

例題

★次の表は、面積が 24 cm² の長方形の縦の長さ x cm と横の長さ y cm の関係を調べたものです。

x(cm)	2	㋐	4	5	6	8	12
y(cm)	12	8	6	4.8	㋑	3	2

◀ y が x に反比例するとき、x と y の積はいつもきまった数になります。

①　表の㋐、㋑にあてはまる数をかきましょう。

②　x と y の関係を式に表しましょう。

解き方　①　表より、x と y の積は 24 だから、

㋐は、$24 \div 8 = \underline{3}$

㋑は、$24 \div 6 = \underline{4}$

②　x と y の積はいつも 24 になることから、

$\underline{y = 24 \div x}$ になります。

1 右の表は、面積が 12 cm² の三角形の底辺 x cm と高さ y cm の関係を調べたものです。

x(cm)	1	2	3	4	6	㋑	12
y(cm)	24	㋐	8	6	4	3	2

①　表の㋐、㋑にあてはまる数をかきましょう。

㋐ (　　　　　　)　㋑ (　　　　　　)

②　x と y の関係を式に表しましょう。

(　　　　　　)

2 右の表は、水そうに水をいっぱいになるまで入れたときの、1分間に入れる水の量 x L と時間 y 分の関係を表したものです。

x(L)	1	2	㋑	4	6	8	12
y(分)	㋐	24	16	12	8	6	4

①　表の㋐、㋑にあてはまる数をかきましょう。

㋐ (　　　　　　)　㋑ (　　　　　　)

②　x と y の関係を式に表しましょう。

(　　　　　　)

ヒント　**1** ①　x と y の積は 24 になっています。

確かめのテスト 48 比例と反比例

1 次の2つの数量 x、y は比例しています。表のあいているところにあてはまる数を入れましょう。

各4点(8点)

①

x	2	3	6	8
y	8		24	32

②

x	5	10	15	20
y		30	45	60

2 自転車が一定の速さで走っています。右の表は、走った時間 x 分と進んだ道のり y km の関係を表したものです。次の問いに答えましょう。　各5点(20点)

x(分)	1	2	4	6	④
y(km)	⑦	1.2	2.4	3.6	4.8

① 表の⑦、④にあてはまる数をかきましょう。

⑦ (　　　　　) ④ (　　　　　)

② 自転車の速さは分速何 km ですか。

(　　　　　)

③ x と y の関係を式に表しましょう。

(　　　　　)

3 右のグラフは、針金の長さ x m と重さ y g の関係を表したものです。次の問いに答えましょう。　各8点(24点)

① x と y の関係を式に表しましょう。

(　　　　　)

② 針金の長さが9 m のときの重さは何 g ですか。

(　　　　　)

できたらスゴイ!
③ 針金の重さが360 g のとき、針金の長さは何 m になりますか。

(　　　　　)

4 次の2つの数量 x、y は反比例しています。表のあいているところにあてはまる数を入れましょう。

各4点(8点)

①

x	2	3	4	6
y	24		12	8

②

x	3	6	9	12
y	36	18		9

5 縦の長さが x cm、横の長さが y cm で面積が 48 cm² の長方形があります。右の表は、x と y の関係を表したものです。次の問いに答えましょう。

各5点(20点)

x(cm)	3	4	6	8	㋑	12
y(cm)	16	12	㋐	6	4.8	4

① 表の㋐、㋑にあてはまる数をかきましょう。

㋐ (   )　　㋑ (   )

② x と y の関係を式に表しましょう。

(   )

③ 縦の長さが 16 cm のとき、横の長さは何 cm になりますか。

(   )

6 右の表は、ある道のりをいろいろな速さで行くときの時速 x km とかかる時間 y 時間の関係を表したものです。次の問いに答えましょう。

各5点(20点)

時速 x(km)	1	2	3	4	6	㋑
y(時間)	12	6	㋐	3	2	1

① 表の㋐、㋑にあてはまる数をかきましょう。

㋐ (   )　　㋑ (   )

② x と y の関係を式に表しましょう。

(   )

③ この道のりを5時間かかって行くとき、速さは時速何 km ですか。

(   )

練習

49 およその面積

答え 31 ページ

例題 ★縦 240 m、横 270 m の長方形とみられる土地のおよその面積を求めましょう。

解き方 この土地を、縦 240 m、横 270 m の長方形とみるので、

240×270＝64800　　　　　　答え　約 64800 m²

◀身のまわりのもののおよその形を、正方形、長方形、三角形とみなして、およその面積を求めることがあります。

1 下のそれぞれの形は、およそどんな形とみればよいですか。長さもかきましょう。また、それぞれのおよその面積を求めましょう。

① ②

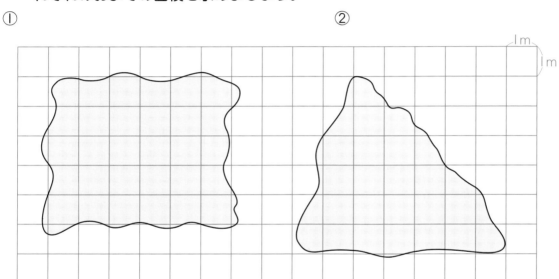

1 m

1 m

およその形　　　　　　　　　　　　およその形

(　　　　　　　　　　)　　(　　　　　　　　　　)

およその面積　　　　　　　　　　　およその面積

(　　　　　　　　　　)　　(　　　　　　　　　　)

ヒント ❶ ② およその形は三角形とみなせます。底辺の長さと高さに気をつけましょう。

練習 50 およその体積

答え 31 ページ

例題 ★縦5m、横10m、高さ1.8mの直方体とみられるもののおよその体積を求めましょう。

解き方 縦5m、横10m、高さ1.8mの直方体とみるので、

$5 \times 10 \times 1.8 = 90$

答え　約90m³

◀身のまわりのもののおよその形を、直方体や立方体とみなして、およその体積を求めることがあります。

1 次のもののおよその体積を求めましょう。

① 縦5cm、横8cm、高さ5cmの直方体とみられるもの

（　　　　　　　）

② 1辺が10mの立方体とみられるもの

（　　　　　　　）

2 下のそれぞれの形を直方体とみて、およその体積を求めましょう。

①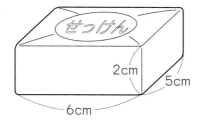

②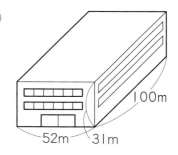

（　　　　　　　）　　　　（　　　　　　　）

ヒント 直方体や立方体の体積の公式にあてはめて、体積を求めます。

1 次のもののおよその面積を求めましょう。

各10点(20点)

① 縦4cm、横3cm の長方形とみられるシール

（　　　　　　　　　）

② 1辺が4cm の正方形とみられるシール

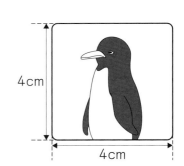

（　　　　　　　　　）

2 次のもののおよその面積を求めましょう。

各10点(40点)

① 底辺が8m、高さが6m の三角形とみられるもの

（　　　　　　　　　）

② 底辺が6m、高さが4m の平行四辺形とみられるもの

（　　　　　　　　　）

③ 上底が230m、下底が370m で、高さが300m の台形とみられるもの

（　　　　　　　　　）

④ 半径が50m の円とみられるもの

（　　　　　　　　　）

③ 右の図のようなねんどのおよその体積を求めましょう。 (10点)

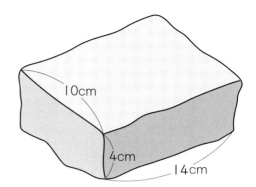

(   )

④ 右の図のような模型のおよその体積を求めましょう。 (10点)

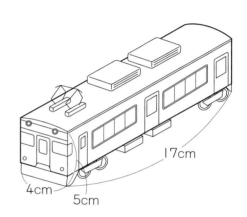

(   )

⑤ **右の図のような土地があります。**

各10点(20点)

① この土地を、１辺の長さが 280 km の正方形とみて、およその面積を求めましょう。

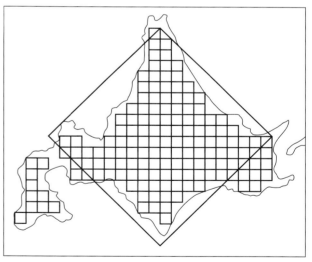

(   )

できたらスゴイ!

② この土地のまわりの線の中にある方眼の数を数えたら 150 個でした。
また、土地のまわりの線がとおっている方眼の数を数えたら 88 個でした。
この土地のまわりの線の中にある方眼１つの面積は 400 km² です。土地のまわりの線がとおっている方眼は、ならして 200 km² とみて、この土地のおよその面積を求めましょう。

(   )

52 計算の復習テスト②

本文　40〜63ページ　　答え　33ページ

1 次の角柱の体積を求めましょう。　　　　各5点(10点)

①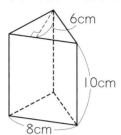
6cm
10cm
8cm

②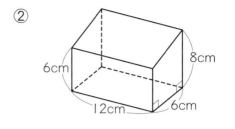
6cm　8cm
12cm　6cm

（　　　　　　　　）　　　　　（　　　　　　　　）

2 次の比を簡単にしましょう。　　　　各4点(16点)

① 24 : 15

② 0.9 : 1.2

（　　　　　　　　）　　　　　（　　　　　　　　）

③ 0.6 : $\frac{3}{4}$

④ $\frac{3}{8} : \frac{5}{6}$

（　　　　　　　　）　　　　　（　　　　　　　　）

3 縦 60 m、横 90 m の長方形の形をした土地があります。縦の長さを 40 cm にして縮図をかこうと思います。次の問いに答えましょう。　　　　各6点(18点)

① 縮図の縮尺を何分の 1 にすればよいですか。

（　　　　　　　　）

② この縮図では、横は何 cm になりますか。

（　　　　　　　　）

③ この縮図で縦 3 cm、横 8 cm の長方形の面積は、実際には何 m² ありますか。

（　　　　　　　　）

4 水そうに一定の割合（わりあい）で水を入れます。
右の表は、水を入れたときの時間 x 分と
水そうにたまった水の深さ y cm の関係を
表したものです。次の問いに答えましょう。

x（分）	1	2	3	4	㋑
y（cm）	3	6	㋐	12	18

各6点（24点）

① 表の㋐、㋑にあてはまる数をかきましょう。

㋐ （　　　　　　　） ㋑ （　　　　　　　）

② x と y の関係を式に表しましょう。

（　　　　　　　）

③ 水の深さが24 cm になるのは、水を入れはじめてから何分たったときですか。

（　　　　　　　）

5 72 km の道のりを、時速 x km で
進んだときにかかる時間を y 時間
とします。右の表は、x と y の関
係を表したものです。次の問いに答えましょう。

時速 x（km）	9	12	18	24	㋑	36
y（時間）	8	6	㋐	3	2.4	2

各6点（24点）

① 表の㋐、㋑にあてはまる数をかきましょう。

㋐ （　　　　　　　） ㋑ （　　　　　　　）

② x と y の関係を式に表しましょう。

（　　　　　　　）

③ 時速6 km で走ったとき、何時間かかりますか。

（　　　　　　　）

6 右のようなバッグのおよその体積を求めましょう。　（8点）

（　　　　　　　）

65

まとめのテスト

53 6年間の計算のまとめ
整数のたし算とひき算

答え 34 ページ

1 次の計算をしましょう。

各4点(48点)

①　354
＋469

②　296
＋357

③　568
＋194

④　279
＋881

⑤　946
＋556

⑥　721
＋679

⑦　479
＋852

⑧　187
＋947

⑨　1074
＋　959

⑩　9991
＋　662

⑪　3496
＋8525

⑫　3483
＋6532

2 次の計算をしましょう。

各4点(52点)

①　526
－　27

②　704
－　47

③　419
－232

④　723
－567

⑤　814
－138

⑥　305
－276

⑦　1725
－　946

⑧　4231
－　484

⑨　4567
－2858

⑩　6004
－3918

⑪　9030
－7432

⑫　8712
－1963

⑬　7006
－1997

54 6年間の計算のまとめ

小数のたし算とひき算

1 次の計算をしましょう。

各4点(48点)

① 　5.2 8
　＋3.1

② 　3.2 4
　＋5.8 9

③ 　3.4 6
　＋2.5 7

④ 　4.0 5
　＋2.9 8

⑤ 　2 8.6
　＋1 4.7 3

⑥ 　2.0 8
　＋3.0 9

⑦ 　2.8
　＋4.7 5

⑧ 　6.9 8
　＋2.7

⑨ 　9.2 5
　＋0.7 9

⑩ 　9.8 7
　＋0.1 6

⑪ 　5.6 4
　＋2.7 6

⑫ 　7.4 4
　＋2.5 6

2 次の計算をしましょう。

各4点(52点)

① 　8.4 5
　－2.5 9

② 　7.3
　－4.8 5

③ 　4
　－1.5 7

④ 　6.2 4
　－2.9 4

⑤ 　5.0 3
　－2.8 4

⑥ 　6.1
　－2.8 5

⑦ 　4.1 3
　－1.3 9

⑧ 　4.0 6
　－2.0 8

⑨ 　3.1 2
　－2.9 3

⑩ 　3
　－1.0 3

⑪ 　1 0
　－　0.2 6

⑫ 　1 0.3 1
　－　3.7 5

⑬ 　4 0.0 7
　－　7.3 7

67

1 次の計算をしましょう。　　　　　　　　　　各5点(40点)

① 　325
　×　48

② 　128
　×　46

③ 　419
　×　85

④ 　249
　×　53

⑤ 　267
　×　38

⑥ 　509
　×　64

⑦ 　325
　×　49

⑧ 　438
　×　37

2 次の計算をしましょう。　　　　　　　　　　各5点(60点)

① 　126
　×349

② 　248
　×255

③ 　306
　×208

④ 　125
　×148

⑤ 　580
　×163

⑥ 　450
　×248

⑦ 　750
　×130

⑧ 　925
　×431

⑨ 　140
　×700

⑩ 　683
　×592

⑪ 　2156
　×　345

⑫ 　3005
　×　404

1 次の計算をしましょう。

各5点(60点)

① 23)138

② 32)256

③ 46)322

④ 87)522

⑤ 46)966

⑥ 28)896

⑦ 42)756

⑧ 25)750

⑨ 17)493

⑩ 26)676

⑪ 53)742

⑫ 29)899

2 次の計算をしましょう。

各5点(40点)

① 36)1620

② 54)1728

③ 18)2268

④ 72)3096

⑤ 29)4524

⑥ 38)9728

⑦ 147)8967

⑧ 221)5304

1 次の計算をしましょう。

各4点(36点)

① 0.3×2

② 0.9×7

③ 0.8×5

④ 1.4×3

⑤ 2.3×6

⑥ 6×0.4

⑦ 0.6×0.9

⑧ 3.6×0.2

⑨ 0.3×1.7

2 次の計算をしましょう。

各4点(32点)

①　　3.5
×　1 4

②　　2.6
×　4 3

③　　5.4
×　2 4

④　　1.2
×　3 5

⑤　　1 4
×　4.3

⑥　　5 2
×　6.7

⑦　　1 8
×　2.6

⑧　　3 5
×　0.6

3 次の計算をしましょう。

各4点(32点)

①　　3.1
×　5.2

②　　6.2
×　0.7

③　　1.5
×　2.4

④　　1.8
×　0.5

⑤　　2.1 4
×　　2.8

⑥　　3.2 5
×　　4.8

⑦　　6.0 9
×　　3.6

⑧　　7.2 5
×　　8.4

58 6年間の計算のまとめ

小数のわり算

1 次の計算をしましょう。

各5点（40点）

① 0.6÷3　　② 5.6÷7　　③ 0.2÷5　　④ 2÷5

⑤ 4÷8　　⑥ 63÷0.9　　⑦ 3.6÷0.6　　⑧ 0.4÷0.5

2 次の計算をしましょう。

各5点（30点）

① 5) 42.5

② 8) 66.4

③ 23) 57.5

④ 1.4) 75.6

⑤ 2.3) 57.5

⑥ 4.6) 27.6

3 次の計算をしましょう。

各5点（30点）

① 4.9) 88.2

② 3.6) 2.7

③ 9.2) 2.3

④ 3.9) 7.41

⑤ 2.3) 5.98

⑥ 0.16) 4.32

71

59 6年間の計算のまとめ

分数のたし算とひき算

時間 **20**分　／100
合格 **80**点

答え **37**ページ

1 次の計算をしましょう。　　　　　　　　　　　　　　　各5点（50点）

① $\dfrac{1}{5} + \dfrac{2}{5}$

② $\dfrac{3}{9} + \dfrac{5}{9}$

③ $\dfrac{1}{4} + \dfrac{1}{5}$

④ $\dfrac{7}{6} + \dfrac{2}{9}$

⑤ $\dfrac{1}{3} + \dfrac{1}{6}$

⑥ $\dfrac{4}{3} + \dfrac{5}{12}$

⑦ $\dfrac{3}{5} + \dfrac{9}{10}$

⑧ $\dfrac{3}{4} + \dfrac{3}{20}$

⑨ $1\dfrac{1}{2} + 2\dfrac{1}{3}$

⑩ $2\dfrac{3}{5} + 2\dfrac{4}{7}$

2 次の計算をしましょう。　　　　　　　　　　　　　　　各5点（50点）

① $\dfrac{5}{7} - \dfrac{3}{7}$

② $\dfrac{7}{9} - \dfrac{4}{9}$

③ $\dfrac{4}{5} - \dfrac{3}{4}$

④ $\dfrac{1}{2} - \dfrac{1}{8}$

⑤ $\dfrac{2}{3} - \dfrac{7}{15}$

⑥ $\dfrac{5}{6} - \dfrac{3}{10}$

⑦ $\dfrac{5}{12} - \dfrac{1}{6}$

⑧ $\dfrac{9}{10} - \dfrac{1}{15}$

⑨ $2\dfrac{6}{7} - 1\dfrac{2}{3}$

⑩ $3\dfrac{3}{8} - 1\dfrac{11}{12}$

まとめのテスト

60 6年間の計算のまとめ

分数のかけ算

1 次の計算をしましょう。

各5点（20点）

① $\dfrac{1}{6} \times 5$

② $\dfrac{5}{12} \times 4$

③ $2 \times \dfrac{3}{8}$

④ $9 \times \dfrac{2}{3}$

2 次の計算をしましょう。

各5点（80点）

① $\dfrac{3}{4} \times \dfrac{1}{2}$

② $\dfrac{4}{9} \times \dfrac{2}{5}$

③ $\dfrac{3}{5} \times \dfrac{5}{8}$

④ $\dfrac{9}{7} \times \dfrac{2}{3}$

⑤ $\dfrac{4}{9} \times \dfrac{5}{12}$

⑥ $\dfrac{3}{14} \times \dfrac{7}{8}$

⑦ $\dfrac{8}{15} \times \dfrac{3}{4}$

⑧ $\dfrac{5}{8} \times \dfrac{6}{5}$

⑨ $\dfrac{3}{8} \times \dfrac{4}{3}$

⑩ $\dfrac{7}{18} \times \dfrac{6}{7}$

⑪ $\dfrac{4}{9} \times \dfrac{3}{14}$

⑫ $\dfrac{5}{12} \times \dfrac{9}{10}$

⑬ $4\dfrac{4}{5} \times \dfrac{5}{6}$

⑭ $3\dfrac{1}{2} \times \dfrac{2}{7}$

⑮ $2\dfrac{1}{10} \times 3\dfrac{3}{4}$

⑯ $1\dfrac{4}{5} \times 4\dfrac{1}{6}$

61 6年間の計算のまとめ

分数のわり算

学習日　月　日

時間 **20** 分

／100

合格 **80** 点

答え **38** ページ

1 次の計算をしましょう。

各5点(20点)

① $\dfrac{1}{5} \div 4$

② $\dfrac{5}{6} \div 3$

③ $3 \div \dfrac{3}{5}$

④ $9 \div \dfrac{6}{7}$

2 次の計算をしましょう。

各5点(80点)

① $\dfrac{1}{2} \div \dfrac{1}{3}$

② $\dfrac{3}{8} \div \dfrac{2}{7}$

③ $\dfrac{9}{10} \div \dfrac{1}{5}$

④ $\dfrac{3}{5} \div \dfrac{9}{7}$

⑤ $\dfrac{7}{9} \div \dfrac{7}{13}$

⑥ $\dfrac{3}{8} \div \dfrac{7}{2}$

⑦ $\dfrac{8}{9} \div \dfrac{2}{3}$

⑧ $\dfrac{9}{10} \div \dfrac{3}{4}$

⑨ $\dfrac{10}{9} \div \dfrac{5}{12}$

⑩ $\dfrac{2}{15} \div \dfrac{6}{5}$

⑪ $\dfrac{9}{14} \div \dfrac{3}{8}$

⑫ $\dfrac{8}{21} \div \dfrac{6}{7}$

⑬ $3\dfrac{1}{3} \div \dfrac{5}{8}$

⑭ $\dfrac{5}{6} \div 1\dfrac{2}{3}$

⑮ $2\dfrac{2}{3} \div 1\dfrac{1}{5}$

⑯ $2\dfrac{2}{5} \div 3\dfrac{3}{4}$

62 6年間の計算のまとめ

計算のきまり

1 くふうして計算しましょう。

各9点（36点）

① $17 + 56 + 14$

② $2 \times 11 \times 5$

③ $12 \times 9 + 8 \times 9$

④ 4×98

2 くふうして計算しましょう。

各8点（64点）

① $5.2 + 4.7 + 3.3$

② $\dfrac{4}{5} \times \dfrac{3}{7} \times \dfrac{5}{2}$

③ $8 \times \dfrac{3}{7} + 6 \times \dfrac{3}{7}$

④ 99.9×30

⑤ $24 \times \left(\dfrac{1}{4} + \dfrac{1}{6} \right)$

⑥ $3\dfrac{23}{25} \times 50$

⑦ $(1.2 + 2.6) \times 5$

⑧ $0.7 \times \dfrac{1}{4} + 0.3 \times \dfrac{1}{4}$

63 6年間の計算のまとめ

計算の順序①

学習日　　月　　日

時間 **20** 分

／100

合格 **80** 点

答え **39** ページ

1 次の計算をしましょう。　　　　　　　　　　　　　　　　　　各9点（36点）

① $47-36\div6$

② $8\times11-23$

③ $6\times4-21\div3$

④ $8+3-9\div3$

2 次の計算をしましょう。　　　　　　　　　　　　　　　　　　各8点（64点）

① $\dfrac{9}{8}\div\dfrac{5}{6}-\dfrac{3}{4}$

② $\dfrac{1}{3}+\dfrac{1}{4}\div\dfrac{1}{5}$

③ $1\dfrac{1}{2}\div\dfrac{3}{4}+8\times\dfrac{1}{2}$

④ $0.8\times\dfrac{1}{2}-2\div5$

⑤ $14-4.2\div\dfrac{7}{20}$

⑥ $13-2\times2.5-3$

⑦ $3\div10+4.9\div7$

⑧ $6\times5.5-4\times5$

1 次の計算をしましょう。

各9点（36点）

① 54÷(22−4)+1

② (51−5)−15×3

③ (38+7)÷9÷3

④ 7×(5−3)÷6

2 次の計算をしましょう。

各8点（64点）

① 2+(1.4−1)×7

② (11+1)−1.6×5

③ $3÷(2÷3)−\dfrac{1}{2}$

④ $\left(\dfrac{1}{2}−\dfrac{1}{4}\right)+\dfrac{5}{8}×2$

⑤ $4−\dfrac{4}{5}÷\left(10×\dfrac{2}{5}\right)$

⑥ $21−\left(7.5+\dfrac{1}{2}\right)×2$

⑦ $(3.9−0.9)÷\left(\dfrac{1}{2}−\dfrac{1}{3}\right)$

⑧ $5.2+0.8×\left(6.1−\dfrac{1}{10}\right)$

65 複雑な計算

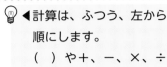

答え　40 ページ

例題

★次の計算をしましょう。

①　$1.8 \times 2 + 6 \div 1.2$　　　②　$(3 \times 9 + 10 \div 2.5) \times 2 - 2$

解き方 ①　$1.8 \times 2 + 6 \div 1.2 = 3.6 + 5$

$= \underline{8.6}$

②　$(3 \times 9 + 10 \div 2.5) \times 2 - 2 = (27 + 4) \times 2 - 2$

$= 31 \times 2 - 2$

$= 62 - 2$

$= \underline{60}$

◀計算は、ふつう、左から順にします。

（　）や＋、－、×、÷が混じっているときは、次の順に計算します。

（　）の中
↓
×、÷
↓
＋、－

1 次の計算をしましょう。

①　$0.6 \times 8 - 3 \div 5$　　　　　　②　$0.6 \times (8 - 3) \div 5$

③　$(0.6 \times 8 - 3) \div 5$　　　　　④　$0.6 \times (8 - 3 \div 5)$

2 次の計算をしましょう。

①　$10 - 1.3 \times 4 - 4.5$　　　　②　$1.2 + (8 - 5) \times 0.5 - 0.7$

③　$2 \times (4 \times 0.4 - 0.2 \times 7) + 0.6$　　　④　$9.6 \div 3 - 1.8 + (14 - 10) \times 3$

⑤　$(25 - 7) \div (31 - 22) - (10 - 8) \times \dfrac{1}{2}$　　　⑥　$8 \times (9 - 3 \div 2) - 5 \div 4$

チャレンジコーナー
66 計算のしかたのくふう

答え　40ページ

例題 ★くふうして、$14 \div 17 \times 85 \div 84$ の答えを求めましょう。

解き方 $14 \div 17 \times 85 \div 84 = \dfrac{14}{1} \times \dfrac{1}{17} \times \dfrac{85}{1} \times \dfrac{1}{84}$

$$= \dfrac{\overset{1}{\cancel{14}} \times \overset{5}{\cancel{85}}}{\underset{1}{\cancel{17}} \times \underset{6}{\cancel{84}}}$$

$$= \dfrac{5}{6}$$

💡◀×、÷の混じった計算では、分数を使って、×だけの式になおすと、計算が簡単になることがあります。

1 次の計算をしましょう。

① $21 \times 28 \div 12$

② $52 \div \dfrac{1}{9} \div 39$

③ $125 \div 35 \div 25$

④ $7.5 \div 17 \times 1.02$

⑤ $\dfrac{7}{10} \div 13 \times 91 \div 42$

⑥ $17 \div 357 \div \dfrac{1}{7}$

2 $2.5 = 10 \div 4$、$1.25 = 10 \div 8$ の関係を使って、次の計算をしましょう。

① 3.6×2.5

② 48×1.25

チャレンジコーナー

67 順にならんだ数の和

答え　41ページ

例題

★1＋2＋3＋4＋5＋6＋7＋8＋9＋10 を求めましょう。

解き方
$$1 + 2 + 3 + 4 + 5 + 6 + 7 + 8 + 9 + 10$$
$$10 + 9 + 8 + 7 + 6 + 5 + 4 + 3 + 2 + 1$$
$$11+11+11+11+11+11+11+11+11+11$$

11×10＝110

11×10 は、1＋2＋3＋……＋9＋10 の2倍だから、

1＋2＋3＋4＋5＋6＋7＋8＋9＋10＝110÷2＝55

◀数の順序を逆にしたものを、上下にならぶようにかいて、上下のたし算をした和を2でわって求めることができます。

1 1から20までの和　1＋2＋3＋…＋18＋19＋20 を求めましょう。

（　　　　　　　）

2 11から20までの和　11＋12＋13＋…＋18＋19＋20 を求めます。

① 上の★のようにして、求めましょう。

（　　　　　　　）

② **1**の1から20までの和から、上の★の1から10までの和をひいた差として求めましょう。

（　　　　　　　）

3 1＋3＋5＋7＋9 の和をくふうして求めましょう。求め方もかきましょう。

（求め方）

（　　　　　　　）

全教科書版・計算6年

6年 チャレンジテスト①

名 前

月　　　日

時間 **40**分

合格70点 ／100

答え**42**ページ

1 次の計算をしましょう。
各2点(12点)

① $\dfrac{2}{5} \times \dfrac{2}{3}$　　② $\dfrac{5}{8} \times \dfrac{4}{7}$

③ $1\dfrac{1}{8} \times \dfrac{2}{3}$　　④ $\dfrac{5}{6} \times 0.8$

⑤ $2.1 \times \dfrac{1}{3} \times 8$　　⑥ $2\dfrac{3}{5} \times 1.6 \times \dfrac{5}{12}$

2 次の計算をしましょう。
各2点(12点)

① $\dfrac{3}{8} \div \dfrac{9}{10}$　　② $\dfrac{7}{10} \div \dfrac{2}{15}$

③ $2\dfrac{1}{4} \div \dfrac{3}{8}$　　④ $1\dfrac{4}{5} \div 1.2$

⑤ $\dfrac{5}{6} \div 0.3 \div 1\dfrac{1}{3}$　　⑥ $\dfrac{3}{8} \div 12 \div \dfrac{5}{16}$

3 次の計算をしましょう。
各2点(12点)

① $\dfrac{1}{2} \div \dfrac{4}{5} \times \dfrac{2}{3}$　　② $\dfrac{5}{6} \times \dfrac{8}{9} \div \dfrac{1}{3}$

③ $0.3 \div \dfrac{2}{5} \times 1.4$　　④ $\dfrac{5}{2} \div 1.5 \times \dfrac{1}{3}$

⑤ $5 \div 0.8 \div 1.5$　　⑥ $2.4 \div 3.6 \times 2.5$

4 縦の長さが x cm、横の長さが 16 cm の長方形があります。
各4点(8点)

① 長方形の周の長さを y cm として、x と y の関係を式に表しましょう。

$\left(\right)$

② 長方形の周の長さが 54 cm のとき、縦の長さは何 cm ですか。

$\left(\right)$

5 次の x にあてはまる数を求めましょう。
各3点(12点)

① $x - 6.5 = 3.4$　　② $32 + x = 59$

$\left(\right)$　$\left(\right)$

③ $x \div 4 = 7.2$　　④ $x \times 8 = 168$

$\left(\right)$　$\left(\right)$

うらにも問題があります。

6 次の □ にあてはまる数をかきましょう。　　　各3点(12点)

① $\dfrac{3}{5}$ 時間は □ 分

② 100 分は □ 時間

③ 800 m の $\dfrac{4}{5}$ は □ m

④ □ 円の $\dfrac{2}{3}$ は 1200 円

7 次の⑦から⑰のうち、答えが 24 より大きくなるものを
すべて選んで、記号で答えましょう。　　　(全部できて　3点)

⑦　$24 \times \dfrac{2}{3}$　　　④　$24 \times \dfrac{5}{4}$　　　⑦　24×1

⑨　$24 \div \dfrac{1}{5}$　　　⑦　$24 \div 2\dfrac{1}{3}$　　　⑰　$24 \div 1$

(　　　　　)

8 次の問いに答えましょう。　　　各3点(9点)

① 底辺の長さが $\dfrac{7}{6}$ cm、高さが $\dfrac{4}{5}$ cm の三角形の面積を
求めましょう。

(　　　　　)

② 縦 $\dfrac{8}{3}$ cm、横 $2\dfrac{1}{4}$ cm、高さ $\dfrac{6}{7}$ cm の直方体の体積を
求めましょう。

(　　　　　)

③ 面積が $\dfrac{65}{4}$ cm² である長方形の縦の長さが $\dfrac{15}{2}$ cm の
とき、横の長さを求めましょう。

(　　　　　)

9 次の円の面積を求めましょう。　　　各4点(12点)

① 半径 8 cm の円

(　　　　　)

② 直径 24 cm の円

(　　　　　)

③ 円周 43.96 cm の円

(　　　　　)

10 下の図形の色のついた部分の面積を求めましょう。

各4点(8点)

①

10cm

(　　　　　)

②

4cm

4cm

(　　　　　)

6年 チャレンジテスト②

名前

月　日

時間 **40**分

合格70点 ／100

答え**44**ページ →

1 次の比の値を求めましょう。　　　　各3点(12点)

① 4:6

② 1.2:3

(　　　　　)　(　　　　　)

③ $\frac{1}{3}:\frac{2}{5}$

④ $\frac{1}{6}:\frac{3}{2}$

(　　　　　)　(　　　　　)

2 次の比を簡単にしましょう。　　　　各3点(12点)

① 0.12:1.5

② $\frac{9}{4}:6$

(　　　　　)　(　　　　　)

③ $3.5:\frac{15}{4}$

④ $\frac{2}{3}:1.1$

(　　　　　)　(　　　　　)

3 次の x にあてはまる数を求めましょう。　各3点(12点)

① 2:5＝x:30

② 0.5:1.5＝2:x

(　　　　　)　(　　　　　)

③ $\frac{1}{3}:\frac{1}{2}=x:9$

④ $\frac{3}{8}:\frac{4}{5}=15:x$

(　　　　　)　(　　　　　)

4 次の四角形ABCDは四角形EFGHの縮図です。

各4点(12点)

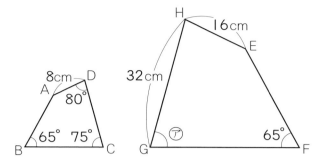

① 角⑦の大きさは何度ですか。

(　　　　　)

② 四角形ABCDは四角形EFGHの何分の1の縮図になっていますか。

(　　　　　)

③ 辺DCの長さは何cmですか。

(　　　　　)

5 次の図は、1cm の方眼紙にかいた図形です。それぞれのおよその面積を求めましょう。　　各4点(8点)

①

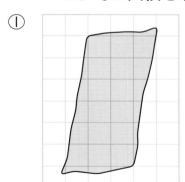

(　　　　　)

②

(　　　　　)

6 100 m の長さを 2 cm で表した地図があります。

各4点(12点)

① この地図の縮尺は何分の1ですか。

（　　　　　　）

② 実際の長さが1 km の道のりは、この地図では何 cm になりますか。

（　　　　　　）

③ この地図上で縦 0.8 cm、横 1.5 cm の長方形の形をした公園の、実際の面積は何 m² ですか。

（　　　　　　）

7 次の表は、水そうに水を入れるときの、入れ始めてからの時間 x 分と、水の深さ y cm の関係を表したものです。

各3点(12点)

x （分）	1	2	3	①	9
y(cm)	⑦	3	4.5	9	13.5

① 表の⑦、①にあてはまる数をかきましょう。

⑦（　　　　　　）①（　　　　　　）

② x と y の関係を式に表しましょう。

（　　　　　　）

③ 水の深さが 24 cm になるのは、水を入れ始めてから何分後ですか。

（　　　　　　）

8 次の表は、体積が 150 cm³ の直方体の底面積 x cm² と、高さ y cm の関係を表したものです。

各3点(12点)

x (cm²)	6	10	15	25	①
y (cm)	25	⑦	10	6	5

① 表の⑦、①にあてはまる数をかきましょう。

⑦（　　　　　　）①（　　　　　　）

② x と y の関係を式に表しましょう。

（　　　　　　）

③ 高さが 12.5 cm のときの底面積は何 cm² ですか。

（　　　　　　）

9 次の立体の体積を求めましょう。

各4点(8点)

①

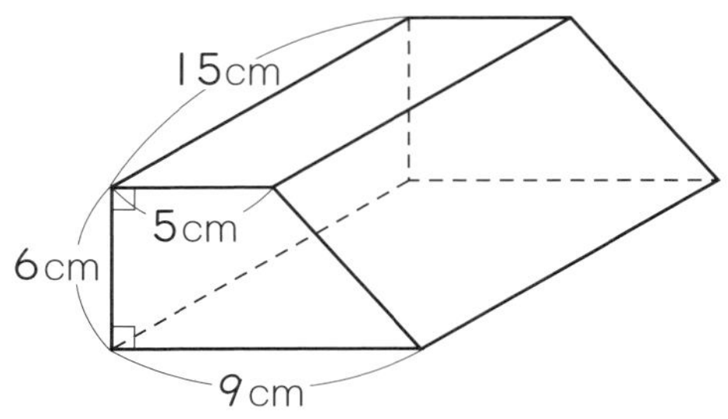

（　　　　　　）

②

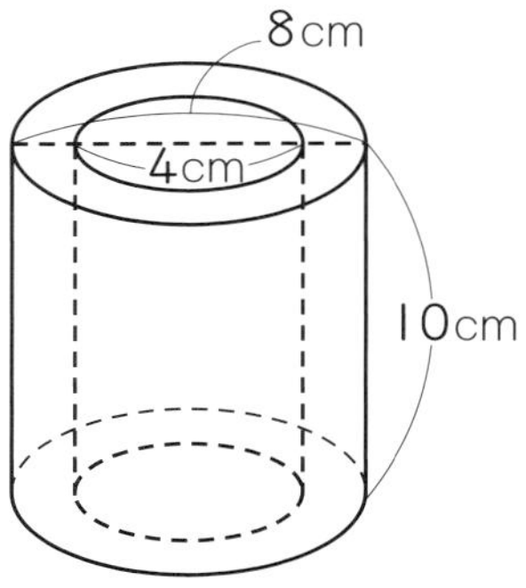

（　　　　　　）

教科書ぴったりトレーニング

丸つけラクラク解答

この「丸つけラクラク解答」は
とりはずしてお使いください。

全教科書版
計算6年

「丸つけラクラク解答」では問題と同じ紙面に、赤字で答えを書いています。

①問題がとけたら、まずは答え合わせをしましょう。

②まちがえた問題やわからなかった問題は、てびきを読んだり、教科書を読み返したりしてもう一度見直しましょう。

おうちのかたへ では、次のようなものを示しています。

・学習のねらいやポイント
・他の学年や他の単元の学習内容とのつながり
・まちがいやすいことやつまずきやすいところ

お子様への説明や、学習内容の把握などにご活用ください。

見やすい答え

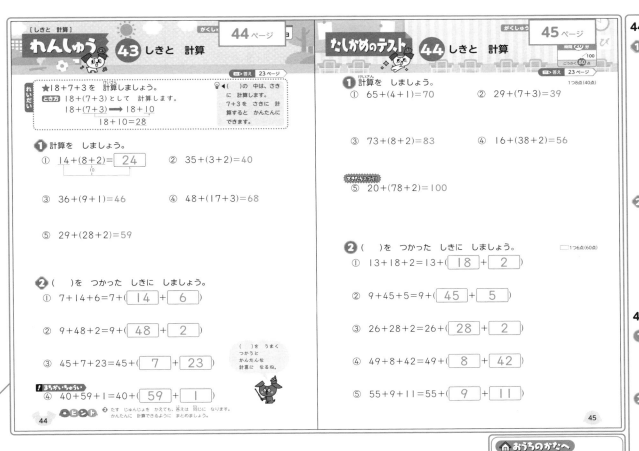

[しきと 計算]
れんしゅう 43 しきと 計算

答え 23ページ

★18+7+3を 計算しましょう。
とき方 18+(7+3)として 計算します。
18+(7+3) ➡ 18+10
18+10=28

( )の 中は、さきに 計算します。7+3を さきに 計算すると かんたんに できます。

1 計算を しましょう。
① 14+(8+2)= 24
② 35+(3+2)=40
③ 36+(9+1)=46
④ 48+(17+3)=68
⑤ 29+(28+2)=59

2 ( )を つかった しきに しましょう。
① 7+14+6=7+(14 + 6)
② 9+48+2=9+(48 + 2)
③ 45+7+23=45+(7 + 23)
( )を うまく つかうと かんたんな 計算に なるね。

まちがいちゅうい
④ 40+59+1=40+(59 + 1)

ヒント ② たす じゅんじょを かえても、答えは 同じに なります。かんたんに 計算できるように まとめましょう。

44

たしかめのテスト 44 しきと 計算

45ページ

時間 20ぷん
ごうかく 80点
/100

答え 23ページ

1 計算を しましょう。
1つ8点(40点)
① 65+(4+1)=70
② 29+(7+3)=39
③ 73+(8+2)=83
④ 16+(38+2)=56

できたらスゴイ!
⑤ 20+(78+2)=100

2 ( )を つかった しきに しましょう。
1つ6点(60点)
① 13+18+2=13+(18 + 2)
② 9+45+5=9+(45 + 5)
③ 26+28+2=26+(28 + 2)
④ 49+8+42=49+(8 + 42)
⑤ 55+9+11=55+(9 + 11)

45

おうちのかたへ

おうちのかたへ
計算がしやすくなるように工夫することは、今後の学習でも大切です。

44ページ
1 ( )の中をさきに計算します。
②3+2をさきに計算すると、3+2=5
35に5をたして、
35+5=40
⑤28+2をさきに計算すると、28+2=30
29に30をたして、
29+30=59
2 ( )の中を、何十になるようにすると、あとの計算がかんたんになります。
④59+1をさきに計算すると、あとの計算は40+60でできるようになります。

45ページ
1 ⑤78+2をさきに計算すると、78+2=80
20に80をたして、
20+80=100
2 ④8+42をさきに計算すると、あとの計算は49+50でできるようになります。

くわしいてびき

23

※紙面はイメージです。

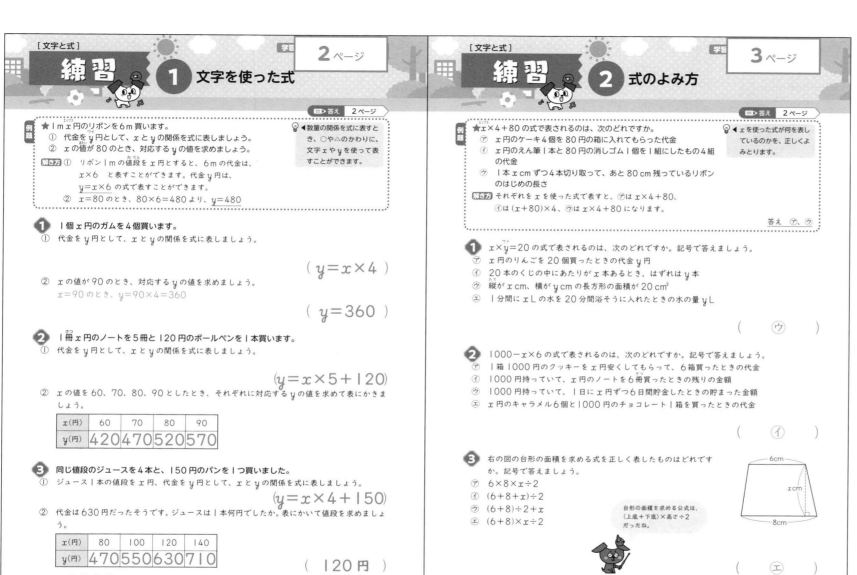

例題
★ 1m x 円のリボンを6m買います。
① 代金を y 円として、x と y の関係を式に表しましょう。
② x の値が80のとき、対応する y の値を求めましょう。

解き方 ① リボン1mの値段を x 円とすると、6m の代金は、
x×6　と表すことができます。代金 y 円は、
y＝x×6 の式で表すことができます。
② x＝80のとき、80×6＝480より、y＝480

💡 数量の関係を式に表すとき、○や△のかわりに、文字 x や y を使って表すことができます。

1 1個 x 円のガムを4個買います。
① 代金を y 円として、x と y の関係を式に表しましょう。

（ y＝x×4 ）

② x の値が90のとき、対応する y の値を求めましょう。
x＝90のとき、y＝90×4＝360

（ y＝360 ）

2 1冊 x 円のノートを5冊と、120円のボールペンを1本買います。
① 代金を y 円として、x と y の関係を式に表しましょう。

（ y＝x×5＋120 ）

② x の値を60、70、80、90としたとき、それぞれに対応する y の値を求めて表にかきましょう。

x（円）	60	70	80	90
y（円）	420	470	520	570

3 同じ値段のジュースを4本と、150円のパンを1つ買いました。
① ジュース1本の値段を x 円、代金を y 円として、x と y の関係を式に表しましょう。

（ y＝x×4＋150 ）

② 代金は630円だったそうです。ジュースは1本何円でしたか。表にかいて値段を求めましょう。

x（円）	80	100	120	140
y（円）	470	550	630	710

（ 120円 ）

●ヒント● **2** ① 1冊 x 円のノートを5冊買うと、代金は x×5（円）です。

2

例題
★ x×4＋80 の式で表されるのは、次のどれですか。
㋐ x 円のケーキ4個を80円の箱に入れてもらった代金
㋑ x 円のえん筆1本と80円の消しゴム1個を1組にしたもの4組の代金
㋒ 1本 x cm ずつ4本切り取って、あと80 cm 残っているリボンのはじめの長さ

解き方 それぞれを x を使った式で表すと、㋐は x×4＋80、
㋑は (x＋80)×4、㋒は x×4＋80 になります。

答え ㋐、㋒

💡 x を使った式が何を表しているのかを、正しくよみとります。

1 x×y＝20 の式で表されるのは、次のどれですか。記号で答えましょう。
㋐ x 円のりんごを20個買ったときの代金 y 円
㋑ 20本のくじの中にあたりが x 本あるとき、はずれは y 本
㋒ 縦が x cm、横が y cm の長方形の面積が 20 cm²
㋓ 1分間に x L の水を20分間浴そうに入れたときの水の量 y L

（ ㋒ ）

2 1000－x×6 の式で表されるのは、次のどれですか。記号で答えましょう。
㋐ 1箱1000円のクッキーを x 円安くしてもらって、6箱買ったときの代金
㋑ 1000円持っていて、x 円のノートを6冊買ったときの残りの金額
㋒ 1000円持っていて、1日に x 円ずつ6日間貯金したときの貯まった金額
㋓ x 円のキャラメル6個と1000円のチョコレート1箱を買ったときの代金

（ ㋑ ）

3 右の図の台形の面積を求める式を正しく表したものはどれですか。記号で答えましょう。
㋐ 6×8×x÷2
㋑ (6＋8＋x)÷2
㋒ (6＋8)÷2＋x
㋓ (6＋8)×x÷2

台形の面積を求める公式は、
（上底＋下底）×高さ÷2
だったね。

6cm
x cm
8cm

（ ㋓ ）

●ヒント● 文字を使った式が何を表しているかを正しくよみとり、そこから、数量の関係もよみとりましょう。

3

2 ページ

2 ① ノート5冊の代金は x×5（円）だから、ボールペンと合わせた代金 y は、y＝x×5＋120 になります。
② x の値が60のとき、①の式の x に60をあてはめて計算すると、60×5＋120＝420 になります。x の値が70、80、90のときも同じように①の式の x にあてはめて計算しましょう。

3 ② ①の式に x の値をあてはめて、630円になったときのジュースの値段を求めます。

3 ページ

1 ㋐ y＝x×20、㋑ x＋y＝20、㋒ x×y＝20、㋓ y＝x×20

2 ㋐ (1000－x)×6、㋑ 1000－x×6、㋒ 1000＋x×6、㋓ x×6＋1000

3 台形の面積
＝（上底＋下底）×高さ÷2
です。

🏠 **おうちのかたへ**
文字が何を表しているか、また、式が表す関係を、文章をよく読んで読み取らせましょう。

2

 **確かめのテスト** ❸ 文字と式

❶ 1冊が120ページの本があります。

表は全部できて8点、他は各8点(32点)

① この本を1日に x ページずつ8日間読んだとき、残ったページ数を y ページとして、x と y の関係を式に表しましょう。

$$(y=120-x\times8)$$

② x の値が10のとき、対応する y の値を求めましょう。

$$(y=40)$$

③ 8日間で読み終えるには、1日に何ページずつ読めばよいですか。表にかいてページ数を求めましょう。

x(ページ)	10	12	15
y(ページ)	40	24	0

$$(15 ページ)$$

❷ 右の図のような三角形があります。
各8点(16点)

① 底辺の長さを x cm、三角形の面積を y cm² として、x と y の関係を式に表しましょう。

$$(y=x\times6\div2)$$

② 面積が24 cm²になるとき、底辺の x の値を求めましょう。

$$(x=8)$$

 できたらスゴイ!

❸ 1パック x 円のいちごを3パックと100円の牛乳を1本買いました。
各8点(16点)

① 代金を y 円として、x と y の関係を式に表しましょう。

$$(y=x\times3+100)$$

② 代金は1300円になりました。いちご1パックの値段はいくらですか。

$$(400 円)$$

4

❹ $x\times7-30$ の式で表されるのは、次のどれですか。記号で答えましょう。
(9点)

㋐ 1本 x cmずつ、7本切り取ったとき、あと30 cm残っているリボンのはじめの長さ

㋑ x gのおもり7個を30 gの箱に入れたときの重さ

㋒ x 円のクッキーを7個買って、30円安くしてくれたときの代金

㋓ x 円のえん筆7本と30円のクリップ1個を買ったときの代金

$$(㋒)$$

❺ x 円の消しゴムを6個と120円のノートを1冊買ったときの代金を表している式は、次のどれですか。記号で答えましょう。
(9点)

㋐ $(x+120)\times6$

㋑ $x\times6-120$

㋒ $x\div6+120$

㋓ $x\times6+120$

$$(㋓)$$

❻ x 円のサンドイッチを5個買ったところ、80円安くしてくれました。このときの代金を表している式は、次のどれですか。記号で答えましょう。
(9点)

㋐ $x\times5-80$

㋑ $x\times5+80$

㋒ $x\div5-80$

㋓ $x\div5+80$

$$(㋐)$$

❼ 右の図の、ひし形の面積を求める式を正しく表しているのは、次のどれですか。記号で答えましょう。
(9点)

㋐ $a\times4\times4$

㋑ $(a+4)\times4\div2$

㋒ $a\times4\div2$

㋓ $a\times4\div2\times4$

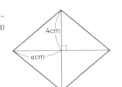

$$(㋓)$$

5

4ページ

❶ ③残りのページ y が0になるような x の値を求めます。x に10、12、15をあてはめて、y の値が0になる x をさがします。

❷ ①三角形の面積
＝底辺×高さ÷2 の公式にあてはめて式に表します。
②①の式で y が24になるような x の値を求めます。$x\times6\div2$ が24なので、$x\times6=48$、x は $48\div6$ で8になります。

❸ ②①の式で y が1300になるような x の値を求めます。$x\times3+100$ が1300なので、$x\times3=1200$、x は $1200\div3$ で400になります。

5ページ

❹ ㋐ $x\times7+30$、
㋑ $x\times7+30$、
㋒ $x\times7-30$、
㋓ $x\times7+30$

❼ 底辺が a cm、高さが4 cmの三角形4つ分と考えます。

練習 ④ 分数×整数

答え 4ページ

例題 ★ $\frac{1}{9}×4$, $\frac{5}{6}×4$ の計算をしましょう。

解き方 $\frac{1}{9}×4 = \frac{1×4}{9}$
$= \frac{4}{9}$

$\frac{5}{6}×4 = \frac{5×\overset{2}{4}}{\underset{3}{6}}$
$= \frac{5×2}{3}$
$= \frac{10}{3}\left(3\frac{1}{3}\right)$

> 分数に整数をかけるには、分母はそのままで、分子にその整数をかけます。
> ◀計算のとちゅうで約分できるときは、約分してから計算すると簡単です。

1 □にあてはまる数をかきましょう。

① $\frac{3}{5}×2 = \frac{3×\boxed{2}}{5}$
$= \frac{\boxed{6}}{5}$

② $\frac{3}{7}×5 = \frac{3×\boxed{5}}{7}$
$= \frac{\boxed{15}}{7}$

▲×■ = ▲×■/● だよ！

2 次の計算をしましょう。

① $\frac{1}{5}×3 = \frac{1×3}{5} = \frac{3}{5}$

② $\frac{2}{9}×2 = \frac{2×2}{9} = \frac{4}{9}$

③ $\frac{3}{8}×5 = \frac{3×5}{8} = \frac{15}{8}\left(1\frac{7}{8}\right)$

④ $\frac{2}{7}×3 = \frac{2×3}{7} = \frac{6}{7}$

⑤ $\frac{7}{10}×7 = \frac{7×7}{10} = \frac{49}{10}\left(4\frac{9}{10}\right)$

⑥ $\frac{1}{8}×4 = \frac{1×4}{8} = \frac{1}{2}$

⑦ $\frac{5}{6}×3 = \frac{5×3}{6} = \frac{5}{2}\left(2\frac{1}{2}\right)$

⑧ $\frac{5}{9}×6 = \frac{5×6}{9} = \frac{10}{3}\left(3\frac{1}{3}\right)$

⑨ $\frac{5}{12}×3 = \frac{5×3}{12} = \frac{5}{4}\left(1\frac{1}{4}\right)$

⑩ $\frac{3}{20}×8 = \frac{3×8}{20} = \frac{6}{5}\left(1\frac{1}{5}\right)$

ヒント ❷ ⑧ 分母の9と、かける整数の6の最大公約数は3だから、3で約分できます。

6

練習 ⑤ 分数÷整数

答え 4ページ

例題 ★ $\frac{2}{3}÷5$, $\frac{8}{9}÷6$ の計算をしましょう。

解き方 $\frac{2}{3}÷5 = \frac{2}{3×5}$
$= \frac{2}{15}$

$\frac{8}{9}÷6 = \frac{\overset{4}{8}}{9×\underset{3}{6}}$
$= \frac{4}{9×3}$
$= \frac{4}{27}$

> 分数を整数でわるには、分母はそのままで、分子にその整数をかけます。
> ◀計算のとちゅうで約分できるときは、約分してから計算すると簡単です。

1 □にあてはまる数をかきましょう。

① $\frac{1}{4}÷2 = \frac{1}{4×\boxed{2}}$
$= \frac{1}{\boxed{8}}$

② $\frac{7}{2}÷3 = \frac{7}{2×\boxed{3}}$
$= \frac{7}{\boxed{6}}$

2 次の計算をしましょう。

① $\frac{1}{5}÷2 = \frac{1}{5×2} = \frac{1}{10}$

② $\frac{1}{8}÷5 = \frac{1}{8×5} = \frac{1}{40}$

③ $\frac{2}{7}÷3 = \frac{2}{7×3} = \frac{2}{21}$

④ $\frac{5}{9}÷7 = \frac{5}{9×7} = \frac{5}{63}$

⑤ $\frac{4}{5}÷5 = \frac{4}{5×5} = \frac{4}{25}$

⑥ $\frac{2}{5}÷6 = \frac{2}{5×6} = \frac{1}{15}$

⑦ $\frac{8}{9}÷8 = \frac{8}{9×8} = \frac{1}{9}$

⑧ $\frac{35}{6}÷7 = \frac{35}{6×7} = \frac{5}{6}$

⑨ $\frac{16}{25}÷4 = \frac{16}{25×4} = \frac{4}{25}$

⑩ $\frac{12}{13}÷8 = \frac{12}{13×8} = \frac{3}{26}$

ヒント ❷ ⑩ 分子の12と、わる整数の8の最大公約数は4だから、4で約分できます。

7

6ページ

❶ 分数に整数をかけるには、分母はそのままで、分子にその整数をかけます。

❷ 計算のとちゅうで約分できるときは、約分してから計算しましょう。
⑩分母の20とかける整数の8の最大公約数は4なので、4で約分できます。

7ページ

❶ 分数を整数でわるには、分子はそのままで、分母にその整数をかけます。

❷ 計算のとちゅうで約分できるときは、約分してから計算しましょう。
⑧分子の35はわる整数の7の倍数だから、7で約分できます。

おうちのかたへ
繰り返し計算の練習をし、分数×整数と、分数÷整数の計算のちがいを理解させましょう。

確かめのテスト

6 分数×整数、分数÷整数

時間 30分　100　合格 80点

答え 5ページ

1 次の計算をしましょう。 各3点(18点)

① $\dfrac{1}{3} \times 4 = \dfrac{1 \times 4}{3} = \dfrac{4}{3}\left(1\dfrac{1}{3}\right)$

② $\dfrac{2}{7} \times 5 = \dfrac{2 \times 5}{7} = \dfrac{10}{7}\left(1\dfrac{3}{7}\right)$

③ $\dfrac{2}{9} \times 5 = \dfrac{2 \times 5}{9} = \dfrac{10}{9}\left(1\dfrac{1}{9}\right)$

④ $\dfrac{5}{13} \times 4 = \dfrac{5 \times 4}{13} = \dfrac{20}{13}\left(1\dfrac{7}{13}\right)$

⑤ $\dfrac{3}{8} \times 3 = \dfrac{3 \times 3}{8} = \dfrac{9}{8}\left(1\dfrac{1}{8}\right)$

⑥ $\dfrac{5}{7} \times 6 = \dfrac{5 \times 6}{7} = \dfrac{30}{7}\left(4\dfrac{2}{7}\right)$

2 次の計算をしましょう。 各4点(24点)

① $\dfrac{1}{8} \times 2 = \dfrac{1 \times 2}{8} = \dfrac{1}{4}$

② $\dfrac{1}{6} \times 3 = \dfrac{1 \times 3}{6} = \dfrac{1}{2}$

③ $\dfrac{3}{8} \times 6 = \dfrac{3 \times 6}{8} = \dfrac{9}{4}\left(2\dfrac{1}{4}\right)$

④ $\dfrac{4}{15} \times 10 = \dfrac{4 \times 10}{15} = \dfrac{8}{3}\left(2\dfrac{2}{3}\right)$

⑤ $\dfrac{9}{14} \times 7 = \dfrac{9 \times 7}{14} = \dfrac{9}{2}\left(4\dfrac{1}{2}\right)$

⑥ $\dfrac{5}{12} \times 8 = \dfrac{5 \times 8}{12} = \dfrac{10}{3}\left(3\dfrac{1}{3}\right)$

3 1個 $\dfrac{15}{4}$ gのおはじきがあります。このおはじき2個の重さは何gですか。 (6点)

$\dfrac{15}{4} \times 2 = \dfrac{15 \times 2}{4} = \dfrac{15}{2}$

$\left(\dfrac{15}{2}\text{ g}\left(7\dfrac{1}{2}\text{ g}\right)\right)$

8

4 次の計算をしましょう。 各3点(18点)

① $\dfrac{1}{3} \div 3 = \dfrac{1}{3 \times 3} = \dfrac{1}{9}$

② $\dfrac{1}{4} \div 7 = \dfrac{1}{4 \times 7} = \dfrac{1}{28}$

③ $\dfrac{2}{5} \div 3 = \dfrac{2}{5 \times 3} = \dfrac{2}{15}$

④ $\dfrac{3}{7} \div 4 = \dfrac{3}{7 \times 4} = \dfrac{3}{28}$

⑤ $\dfrac{5}{6} \div 6 = \dfrac{5}{6 \times 6} = \dfrac{5}{36}$

⑥ $\dfrac{7}{8} \div 4 = \dfrac{7}{8 \times 4} = \dfrac{7}{32}$

5 次の計算をしましょう。 各4点(24点)

① $\dfrac{3}{5} \div 6 = \dfrac{3}{5 \times 6} = \dfrac{1}{10}$

② $\dfrac{4}{9} \div 8 = \dfrac{4}{9 \times 8} = \dfrac{1}{18}$

③ $\dfrac{8}{9} \div 2 = \dfrac{8}{9 \times 2} = \dfrac{4}{9}$

④ $\dfrac{10}{13} \div 5 = \dfrac{10}{13 \times 5} = \dfrac{2}{13}$

⑤ $\dfrac{12}{7} \div 8 = \dfrac{12}{7 \times 8} = \dfrac{3}{14}$

⑥ $\dfrac{8}{15} \div 6 = \dfrac{8}{15 \times 6} = \dfrac{4}{45}$

6 $\dfrac{2}{15}$ mのテープAと、$\dfrac{9}{8}$ mのテープを3等分したテープBが1本あります。 各5点(10点)

できたらスゴイ!

① テープBの長さは何mになりますか。

$\dfrac{9}{8} \div 3 = \dfrac{9}{8 \times 3} = \dfrac{3}{8}$

$\left(\dfrac{3}{8}\text{ m}\right)$

② テープAとテープBでは、どちらが長いですか。
※てびき参照

(テープB)

9

8ページ

1 分数に整数をかけるには、分母はそのままで、分子にその整数をかけます。

2 計算のとちゅうで約分できるときは、約分してから計算しましょう。
④分母の15とかける整数の10の最大公約数は5なので、5で約分できます。
⑥分母の12とかける整数の8の最大公約数は4なので、4で約分できます。

9ページ

4 分数を整数でわるには、分子はそのままで、分母にその整数をかけます。

5 計算のとちゅうで約分できるときは、約分してから計算しましょう。

6 ② $\dfrac{2}{15}$ と $\dfrac{3}{8}$ を通分してくらべます。$\dfrac{2}{15} = \dfrac{16}{120}$、$\dfrac{3}{8} = \dfrac{45}{120}$ なので、$\dfrac{2}{15}$ より $\dfrac{3}{8}$ のほうが大きいです。したがって、テープBのほうが長いです。

おうちのかたへ
6 では通分を利用します。通分のしかたなど、不安な場合は5年生の分数の内容を振り返らせましょう。

練習 ⑦ 分数をかける計算のしかた

答え 6ページ

例題 ★$\frac{1}{2}×\frac{1}{3}$、$\frac{1}{7}×\frac{3}{4}$、$\frac{3}{5}×\frac{2}{7}$ の計算をしましょう。

◀分数のかけ算では、分母どうし、分子どうしを、それぞれかけます。

解き方 $\frac{1}{2}×\frac{1}{3}=\frac{1×1}{2×3}=\frac{1}{6}$

$\frac{1}{7}×\frac{3}{4}=\frac{1×3}{7×4}=\frac{3}{28}$

$\frac{3}{5}×\frac{2}{7}=\frac{3×2}{5×7}=\frac{6}{35}$

❶ □にあてはまる数をかきましょう。

① $\frac{3}{5}×\frac{1}{2}=\frac{3×\boxed{1}}{5×\boxed{2}}$

$=\frac{3}{\boxed{10}}$

② $\frac{3}{4}×\frac{5}{2}=\frac{3×5}{4×2}$

$=\frac{\boxed{15}}{8}\left(1\frac{7}{8}\right)$

分数×分数の計算では $\frac{△}{□}×\frac{☆}{○}=\frac{△×☆}{□×○}$ になるね。

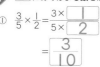

❷ 次の計算をしましょう。

① $\frac{1}{4}×\frac{1}{3}=\frac{1×1}{4×3}=\frac{1}{12}$

② $\frac{1}{5}×\frac{1}{2}=\frac{1×1}{5×2}=\frac{1}{10}$

③ $\frac{1}{7}×\frac{2}{5}=\frac{1×2}{7×5}=\frac{2}{35}$

④ $\frac{3}{4}×\frac{5}{7}=\frac{3×5}{4×7}=\frac{15}{28}$

⑤ $\frac{5}{9}×\frac{2}{3}=\frac{5×2}{9×3}=\frac{10}{27}$

⑥ $\frac{5}{8}×\frac{3}{7}=\frac{5×3}{8×7}=\frac{15}{56}$

⑦ $\frac{3}{5}×\frac{8}{7}=\frac{3×8}{5×7}=\frac{24}{35}$

⑧ $\frac{2}{9}×\frac{7}{5}=\frac{2×7}{9×5}=\frac{14}{45}$

⑨ $\frac{1}{4}×\frac{3}{5}×\frac{3}{7}=\frac{1×3×3}{4×5×7}=\frac{9}{140}$

⑩ $\frac{2}{5}×\frac{4}{3}×\frac{1}{9}=\frac{2×4×1}{5×3×9}=\frac{8}{135}$

ヒント ❷ ⑨ 分数が3つのかけ算でも、分母どうし、分子どうしのかけ算をします。

練習 ⑧ 整数がはいった計算

答え 6ページ

例題 ★$2×\frac{3}{7}$ の計算をしましょう。

◀整数×分数のかけ算では、整数は分母が1の分数になおして計算します。

解き方 $2×\frac{3}{7}=\frac{2}{1}×\frac{3}{7}=\frac{2×3}{1×7}=\frac{6}{7}$

❶ □にあてはまる数をかきましょう。

① $3×\frac{2}{5}=\frac{3×\boxed{2}}{\boxed{1}×5}$

$=\frac{\boxed{6}}{5}\left(1\frac{1}{5}\right)$

4は$\frac{4}{1}$になおしてかけ算をしよう。

② $4×\frac{2}{9}=\frac{\boxed{4}×2}{1×\boxed{9}}$

$=\frac{\boxed{8}}{9}$

❷ 次の計算をしましょう。

① $4×\frac{2}{7}=\frac{4×2}{1×7}=\frac{8}{7}\left(1\frac{1}{7}\right)$

② $5×\frac{3}{8}=\frac{5×3}{1×8}=\frac{15}{8}\left(1\frac{7}{8}\right)$

③ $2×\frac{3}{5}=\frac{2×3}{1×5}=\frac{6}{5}\left(1\frac{1}{5}\right)$

④ $4×\frac{3}{7}=\frac{4×3}{1×7}=\frac{12}{7}\left(1\frac{5}{7}\right)$

⑤ $7×\frac{3}{10}=\frac{7×3}{1×10}=\frac{21}{10}\left(2\frac{1}{10}\right)$

⑥ $3×\frac{3}{11}=\frac{3×3}{1×11}=\frac{9}{11}$

⑦ $3×\frac{3}{5}×\frac{4}{7}=\frac{3×3×4}{1×5×7}=\frac{36}{35}\left(1\frac{1}{35}\right)$

⑧ $7×\frac{2}{9}×\frac{1}{5}=\frac{7×2×1}{1×9×5}=\frac{14}{45}$

！まちがい注意

⑨ $\frac{7}{9}×2×\frac{2}{3}=\frac{7×2×2}{9×1×3}=\frac{28}{27}\left(1\frac{1}{27}\right)$

⑩ $\frac{1}{7}×\frac{3}{5}×9=\frac{1×3×9}{7×5×1}=\frac{27}{35}$

ヒント ❷ ⑦ 3を$\frac{3}{1}$になおしてから、分母どうし、分子どうしのかけ算をします。

10ページ

❶ 分数のかけ算では、分母どうし、分子どうしを、それぞれかけます。

❷ $\frac{△}{□}×\frac{●}{○}=\frac{△×●}{□×○}$

⑨分数が3つのかけ算でも、同じように分母どうし、分子どうしをそれぞれかけます。

11ページ

❶ 整数は分母が1の分数になおして計算します。

❷ ①4を分数になおして$\frac{4}{1}$として、分母どうし、分子どうしをかけます。

⑦整数のはいった3つの数のかけ算でも、同じように整数を分数になおして計算します。

おうちのかたへ
分数と整数の混じった計算をするときは、整数を分数になおして考えることを習慣づけましょう。

⏩答え 7ページ

例題　★ $\frac{3}{7} \times \frac{5}{9}$、$\frac{8}{9} \times \frac{3}{4}$ の計算をしましょう。

💡◀計算のとちゅうで約分できるときは、約分してから計算すると簡単です。

解き方　$\frac{3}{7} \times \frac{5}{9} = \frac{3 \times 5}{7 \times 9} = \frac{1 \times 5}{7 \times 3} = \frac{5}{21}$

$\frac{8}{9} \times \frac{3}{4} = \frac{8 \times 3}{9 \times 4} = \frac{2 \times 1}{3 \times 1} = \frac{2}{3}$

❶ □にあてはまる数をかきましょう。

① $\frac{4}{5} \times \frac{3}{8} = \frac{4 \times \boxed{3}}{5 \times 8} = \frac{1 \times \boxed{3}}{5 \times 2} = \frac{3}{10}$

② $\frac{5}{4} \times \frac{8}{15} = \frac{5 \times \boxed{8}}{4 \times 15} = \frac{1 \times \boxed{2}(\boxed{8})}{1(\boxed{4}) \times 3} = \frac{2}{3}$

とちゅうで約分できるときは、約分しておこう。

❷ 次の計算をしましょう。

① $\frac{6}{7} \times \frac{2}{3} = \frac{6 \times 2}{7 \times 3} = \frac{4}{7}$

② $\frac{7}{9} \times \frac{3}{5} = \frac{7 \times 3}{9 \times 5} = \frac{7}{15}$

③ $\frac{4}{15} \times \frac{3}{8} = \frac{4 \times 3}{15 \times 8} = \frac{1}{10}$

④ $\frac{3}{10} \times \frac{5}{9} = \frac{3 \times 5}{10 \times 9} = \frac{1}{6}$

⑤ $\frac{3}{4} \times \frac{4}{9} = \frac{3 \times 4}{4 \times 9} = \frac{1}{3}$

⑥ $\frac{7}{15} \times \frac{5}{21} = \frac{7 \times 5}{15 \times 21} = \frac{1}{9}$

⑦ $\frac{7}{9} \times \frac{3}{28} = \frac{7 \times 3}{9 \times 28} = \frac{1}{12}$

⑧ $\frac{3}{5} \times \frac{5}{6} \times \frac{5}{7} = \frac{3 \times 5 \times 5}{5 \times 6 \times 7} = \frac{5}{14}$

●よくみて

⑨ $\frac{8}{9} \times \frac{3}{14} \times \frac{7}{8} = \frac{8 \times 3 \times 7}{9 \times 14 \times 8} = \frac{1}{6}$

＋計算に強くなる！✕
分数×分数の計算で、約分できるときは、とちゅうで約分しよう。そのほうがまちがいが少なくなるよ。

●ヒント ❷⑨ 約分は、分母と分子に公約数がなくなるまでします。

12

⏩答え 7ページ

例題　★ $3 \times \frac{2}{9}$ の計算をしましょう。

💡◀計算のとちゅうで約分できるときは、約分してから計算すると簡単です。

解き方　$3 \times \frac{2}{9} = \frac{3 \times 2}{1 \times 9} = \frac{1 \times 2}{1 \times 3} = \frac{2}{3}$

❶ □にあてはまる数をかきましょう。

① $4 \times \frac{3}{8} = \frac{\boxed{4} \times 3}{1 \times \boxed{8}} = \frac{1 \times \boxed{3}}{1 \times \boxed{2}} = \frac{3}{2}\left(1\frac{1}{2}\right)$

6と9は約分できるね。

② $6 \times \frac{4}{9} = \frac{\boxed{6} \times 4}{1 \times \boxed{9}} = \frac{2 \times \boxed{4}}{1 \times \boxed{3}} = \frac{8}{3}\left(2\frac{2}{3}\right)$

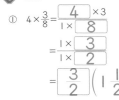

❷ 次の計算をしましょう。

① $4 \times \frac{1}{8} = \frac{4 \times 1}{1 \times 8} = \frac{1}{2}$

② $3 \times \frac{5}{6} = \frac{3 \times 5}{1 \times 6} = \frac{5}{2}\left(2\frac{1}{2}\right)$

③ $6 \times \frac{5}{9} = \frac{6 \times 5}{1 \times 9} = \frac{10}{3}\left(3\frac{1}{3}\right)$

④ $10 \times \frac{3}{8} = \frac{10 \times 3}{1 \times 8} = \frac{15}{4}\left(3\frac{3}{4}\right)$

⑤ $4 \times \frac{1}{6} = \frac{4 \times 1}{1 \times 6} = \frac{2}{3}$

⑥ $2 \times \frac{7}{8} = \frac{2 \times 7}{1 \times 8} = \frac{7}{4}\left(1\frac{3}{4}\right)$

⑦ $3 \times \frac{5}{12} = \frac{3 \times 5}{1 \times 12} = \frac{5}{4}\left(1\frac{1}{4}\right)$

⑧ $8 \times \frac{3}{20} = \frac{8 \times 3}{1 \times 20} = \frac{6}{5}\left(1\frac{1}{5}\right)$

⑨ $6 \times \frac{5}{9} \times \frac{2}{15} = \frac{6 \times 5 \times 2}{1 \times 9 \times 15} = \frac{4}{9}$

！まちがい注意

⑩ $\frac{7}{6} \times 10 \times \frac{4}{5} = \frac{7 \times 10 \times 4}{6 \times 1 \times 5} = \frac{28}{3}\left(9\frac{1}{3}\right)$

●ヒント ❷⑨ 6は $\frac{6}{1}$ になおしてから計算し、約分できるときは、計算のとちゅうで約分します。

13

---

12 ページ

❶ 計算のとちゅうで約分できるときは、約分してから計算しましょう。
　①分母の8と分子の4を4で約分します。

❷ ③分母の15と分子の3、分母の8と分子の4をそれぞれ約分します。
　⑨分数が3つのときも同じように、約分できるときは、とちゅうで約分します。

13 ページ

❶ ①4が分子にくるので、分母の8と分子の4を約分します。

❷ ①4を分数になおして $\frac{4}{1}$ としてから計算します。
　⑨分母の9と分子の6、分母の15と分子の5をそれぞれ約分します。

🏠 おうちのかたへ
計算の途中で約分をした方が計算が簡単になり、間違いが少なくなることを理解させましょう。

練習 ⑪ 帯分数のはいった計算

学習 **14**ページ

答え 8ページ

例題 ★$1\frac{2}{5} \times 2\frac{1}{3}$、$2\frac{2}{3} \times 1\frac{1}{4}$ の計算をしましょう。

💡◀帯分数×帯分数の計算では、帯分数を仮分数になおして計算します。
約分できるときは、とちゅうで約分しておきます。

解き方 $1\frac{2}{5} \times 2\frac{1}{3} = \frac{7}{5} \times \frac{7}{3}$
$= \frac{7 \times 7}{5 \times 3}$
$= \frac{49}{15}\left(3\frac{4}{15}\right)$

$2\frac{2}{3} \times 1\frac{1}{4} = \frac{8 \times 5}{3 \times 4}$
$= \frac{2 \times 5}{3 \times 1}$
$= \frac{10}{3}\left(3\frac{1}{3}\right)$

❶ □にあてはまる数をかきましょう。

① $1\frac{2}{3} \times 1\frac{1}{4} = \frac{\boxed{5} \times 5}{3 \times \boxed{4}}$
$= \frac{25}{12}\left(2\frac{1}{12}\right)$

② $1\frac{1}{4} \times 1\frac{2}{5} = \frac{\boxed{5} \times 7}{4 \times \boxed{5}}$
$= \frac{1 \times \boxed{7}}{\boxed{4} \times 1}$
$= \frac{7}{4}\left(1\frac{3}{4}\right)$

❷ 次の計算をしましょう。

① $1\frac{1}{4} \times 2\frac{1}{3} = \frac{5 \times 7}{4 \times 3} = \frac{35}{12}\left(2\frac{11}{12}\right)$

② $2\frac{1}{2} \times 1\frac{1}{6} = \frac{5 \times 7}{2 \times 6} = \frac{35}{12}\left(2\frac{11}{12}\right)$

③ $1\frac{2}{3} \times 2\frac{3}{4} = \frac{5 \times 11}{3 \times 4} = \frac{55}{12}\left(4\frac{7}{12}\right)$

④ $2\frac{2}{5} \times 1\frac{2}{7} = \frac{11 \times 9}{5 \times 7} = \frac{99}{35}\left(2\frac{29}{35}\right)$

⑤ $1\frac{4}{5} \times 1\frac{1}{3} = \frac{9 \times 4}{5 \times 3} = \frac{12}{5}\left(2\frac{2}{5}\right)$

⑥ $1\frac{7}{8} \times 2\frac{3}{5} = \frac{15 \times 13}{8 \times 5} = \frac{39}{8}\left(4\frac{7}{8}\right)$

⑦ $1\frac{7}{8} \times 1\frac{1}{9} = \frac{15 \times 10}{8 \times 9} = \frac{25}{12}\left(2\frac{1}{12}\right)$

●よくみて
⑧ $2\frac{2}{9} \times 1\frac{1}{5}$
$= \frac{20 \times 6}{9 \times 5} = \frac{8}{3}\left(2\frac{2}{3}\right)$

⑧ $\frac{20 \times 6}{9 \times 5}$ となるので、とちゅうで約分しておこう。

●ヒント ❷ ⑦ 帯分数を仮分数になおすと、$\frac{15}{8} \times \frac{10}{9}$ になります。とちゅうで約分して計算しましょう。

14

練習 ⑫ 分数と小数・整数のかけ算

学習 **15**ページ

答え 8ページ

例題 ★$0.3 \times \frac{1}{4}$、$\frac{2}{3} \times 1.2$ の計算をしましょう。

💡◀分数と小数が混じったかけ算では、小数を分数になおして計算します。

解き方 $0.3 \times \frac{1}{4} = \frac{3}{10} \times \frac{1}{4}$
$= \frac{3 \times 1}{10 \times 4}$
$= \frac{3}{40}$

$\frac{2}{3} \times 1.2 = \frac{2}{3} \times \frac{6}{10}$
$= \frac{2 \times 6}{3 \times 5}$
$= \frac{4}{5}$

❶ □にあてはまる数をかきましょう。

① $0.7 \times \frac{1}{5} = \frac{\boxed{7}}{10} \times \frac{1}{5}$
$= \frac{\boxed{7} \times 1}{\boxed{10} \times \boxed{5}}$
$= \frac{7}{50}$

② $\frac{5}{7} \times 3.5 = \frac{5}{7} \times \frac{\boxed{35}}{10}$
$= \frac{5 \times \boxed{35}}{7 \times 2}$
$= \frac{5}{2}\left(2\frac{1}{2}\right)$

❷ 次の計算をしましょう。

① $1.6 \times \frac{1}{4} = \frac{16}{10} \times \frac{1}{4} = \frac{8 \times 1}{5 \times 4} = \frac{2}{5}$

② $4.5 \times \frac{2}{5} = \frac{45}{10} \times \frac{2}{5} = \frac{9 \times 2}{2 \times 5} = \frac{9}{5}\left(1\frac{4}{5}\right)$

③ $\frac{4}{9} \times 0.7 = \frac{4}{9} \times \frac{7}{10} = \frac{4 \times 7}{9 \times 10} = \frac{14}{45}$

④ $\frac{5}{8} \times 1.8 = \frac{5}{8} \times \frac{18}{10} = \frac{5 \times 9}{8 \times 5} = \frac{9}{8}\left(1\frac{1}{8}\right)$

⑤ $1.1 \times \frac{2}{5} \times 2 = \frac{11}{10} \times \frac{2}{5} \times 2 = \frac{11 \times 2 \times 2}{10 \times 5 \times 1}$
$= \frac{22}{25}$

⑥ $2.2 \times \frac{3}{4} \times 6 = \frac{22}{10} \times \frac{3}{4} \times 6 = \frac{11 \times 3 \times 6}{5 \times 4 \times 1}$
$= \frac{99}{10}\left(9\frac{9}{10}\right)$

⑦ $1.5 \times \frac{2}{9} \times 6 = \frac{15}{10} \times \frac{2}{9} \times 6$
$= \frac{3 \times 2 \times 6}{2 \times 9 \times 1} = 2$

⑧ $2.4 \times \frac{1}{3} \times 4 = \frac{24}{10} \times \frac{1}{3} \times 4$
$= \frac{12 \times 1 \times 4}{5 \times 3 \times 1} = \frac{16}{5}\left(3\frac{1}{5}\right)$

●ヒント ❷ ⑤ 1.1 は $\frac{11}{10}$ に、2 は $\frac{2}{1}$ になおしてから計算しましょう。

15

14ページ

❶ 帯分数×帯分数の計算では、帯分数を仮分数になおして計算します。仮分数になおしたあとは、真分数のときと同じように計算します。

❷ ⑦分母の8と分子の10、分母の9と分子の15をそれぞれ約分します。
⑧分母の9と分子の6、分母の5と分子の20をそれぞれ約分します。

15ページ

❶ 分数と小数が混じったかけ算では、小数を分数になおして計算します。
②3.5を分数になおすと $\frac{35}{10} = \frac{7}{2}$ になります。

❷ ④1.8を分数になおすと $\frac{18}{10} = \frac{9}{5}$ になります。
⑥2.2を分数になおすと $\frac{22}{10} = \frac{11}{5}$、6を分数になおすと $\frac{6}{1}$ になります。

練習 13 分数と面積・体積

> 答え 9ページ

例題 ★次の問いに答えましょう。
① 縦 $\frac{7}{4}$ m、横 $\frac{5}{2}$ m の長方形の面積は何 m² ですか。
② 縦 $\frac{4}{5}$ m、横 $\frac{3}{8}$ m、高さ $\frac{5}{7}$ m の直方体の体積は何 m³ ですか。

💡 辺の長さが分数になっても、面積、体積を求める公式が使えます。
◀ 長方形の面積
＝縦×横
◀ 直方体の体積
＝縦×横×高さ

解き方 ① 長方形の面積＝縦×横 にあてはめて、
$$\frac{7}{4} \times \frac{5}{2} = \frac{35}{8}$$
答え $\frac{35}{8}$ m² $\left(4\frac{3}{8}\ \text{m}^2\right)$

② 直方体の体積＝縦×横×高さ にあてはめて、
$$\frac{4}{5} \times \frac{3}{8} \times \frac{5}{7} = \frac{3}{14}$$
答え $\frac{3}{14}$ m³

1 次の面積を求めましょう。

分数のかけ算は、図形の面積を求めるときにも使うことができるよ。

① 縦 $\frac{5}{2}$ m、横 7 m の長方形
$$\frac{5}{2} \times 7 = \frac{35}{2}$$
$\left(\frac{35}{2}\ \text{m}^2\left(17\frac{1}{2}\ \text{m}^2\right)\right)$

② 縦 $\frac{2}{3}$ m、横 $\frac{5}{4}$ m の長方形
$$\frac{2}{3} \times \frac{5}{4} = \frac{2 \times 5}{3 \times 4} = \frac{5}{6}$$
$\left(\frac{5}{6}\ \text{m}^2\right)$

③ 1辺の長さが $\frac{3}{4}$ m の正方形
$$\frac{3}{4} \times \frac{3}{4} = \frac{9}{16}$$
$\left(\frac{9}{16}\ \text{m}^2\right)$

④ 底辺の長さが $\frac{15}{4}$ cm、高さが $\frac{8}{5}$ cm の平行四辺形
$$\frac{15}{4} \times \frac{8}{5} = \frac{15 \times 8}{4 \times 5} = 6$$
$\left(6\ \text{cm}^2\right)$

2 次の体積を求めましょう。

① 縦 $\frac{5}{6}$ m、横 $\frac{7}{10}$ m、高さ $\frac{12}{7}$ m の直方体
$$\frac{5}{6} \times \frac{7}{10} \times \frac{12}{7} = \frac{5 \times 7 \times 12}{6 \times 10 \times 7} = 1$$
$\left(1\ \text{m}^3\right)$

！まちがい注意
② 縦 $1\frac{1}{3}$ m、横 $\frac{3}{5}$ m、高さ $2\frac{1}{4}$ m の直方体
$$1\frac{1}{3} \times \frac{3}{5} \times 2\frac{1}{4} = \frac{4 \times 3 \times 9}{3 \times 5 \times 4} = \frac{9}{5}$$
$\left(\frac{9}{5}\ \text{m}^3\left(1\frac{4}{5}\ \text{m}^3\right)\right)$

●ヒント● **2** ② 帯分数を仮分数になおしてから、体積を求めましょう。

練習 14 分数と時間・速さ

> 答え 9ページ

例題 ★次の問いに答えましょう。
① $\frac{1}{3}$ 時間は何分ですか。
② 15 分は何時間ですか。

💡 1日＝24時間
1時間＝60分
1分＝60秒

解き方 ① 1時間は 60 分だから、$\frac{1}{3}$ 時間は 60 分の $\frac{1}{3}$ で、
$$60 \times \frac{1}{3} = 20$$
答え 20分

② 15 分は 60 分の何倍にあたるかを考えて、
$$15 \div 60 = \frac{1}{4}$$
答え $\frac{1}{4}$ 時間

1 □にあてはまる数をかきましょう。

① $\frac{5}{4}$ 時間は、$\boxed{60} \times \frac{5}{4} = \boxed{75}$ (分)

② 45 分は、$45 \div \boxed{60} = \boxed{\frac{3}{4}}$ (時間)

2 右の表の㋐～㋒にあてはまる数をかきましょう。

㋐ $\left(\dfrac{1}{3600}\right)$

㋑ $\left(\dfrac{1}{60}\right)$

㋒ $\left(\dfrac{1}{60}\right)$

1分は 60 秒だから、60 分は 60×60 秒だね。

時間、分、秒の関係

時間	分	秒
㋐	㋑	1
㋒	1	60
1	60	3600

3 A地点からB地点まで時速 80 km で進むと 75 分かかりました。
① 75 分は何時間ですか。
$$75 \div 60 = \frac{5}{4}$$
$\left(\dfrac{5}{4}\ \text{時間}\right)$
$\left(1\dfrac{1}{4}\ \text{時間}\right)$

② A地点からB地点までの道のりは何 km ですか。
$$80 \times \frac{5}{4} = 100$$
$\left(100\ \text{km}\right)$

●ヒント● **3** ② 道のり＝速さ×時間 です。

16ページ

1 長さが分数になっても、面積の公式が使えます。
① 長方形の面積
＝縦×横
③ 正方形の面積
＝1辺×1辺
④ 平行四辺形の面積
＝底辺×高さ

2 長さが分数になっても、体積を求める公式が使えます。

17ページ

1 ①1時間＝60分だから、$\frac{5}{4}$ 時間は 60 分の $\frac{5}{4}$ 倍です。
②45 分は 60 分の何倍にあたるかを考えます。

2 1秒は $1 \div 60 = \frac{1}{60}$ (分)、
$\frac{1}{60}$ 分は
$$\frac{1}{60} \div 60 = \frac{1}{60 \times 60} = \frac{1}{3600}\ (\text{時間})$$
また、1分は、
$$1 \div 60 = \frac{1}{60}\ (\text{時間})$$

3 ①75 分が 60 分の何倍にあたるかを考えます。
②道のり＝速さ×時間の公式にあてはめます。

🏠 **おうちのかたへ**
面積、体積、速さなどの公式が身についているかも確認しましょう。

練習 ⑮ 逆数、積の大きさ

📧 答え 10ページ

例題

★次の問いに答えましょう。
① 積が1になるように、□にあてはまる数をかきましょう。

$\frac{2}{5} \times \boxed{} = 1$

② $50 \times \frac{7}{4}$ と $50 \times \frac{8}{9}$ で、積が大きいのはどちらですか。

💡 ◆2つの数の積が1になる とき、一方の数を他方の 数の逆数といいます。
◆積の大きさ
かける数が分数のときに も成り立ちます。

解き方 ① $\frac{2}{5}$ の分母と分子を入れかえた分数の $\frac{5}{2}$ をかけると、

$\frac{2}{5} \times \frac{5}{2} = 1$ になります。 答え $\frac{5}{2}$

② かける数 > 1 のとき、積 > かけられる数
かける数 < 1 のとき、積 < かけられる数 の関係が、かける数が分数のときにも
成り立ちます。$\frac{7}{4} > 1$、$\frac{8}{9} < 1$ だから、$50 \times \frac{7}{4} > 50 \times \frac{8}{9}$ 答え $50 \times \frac{7}{4}$

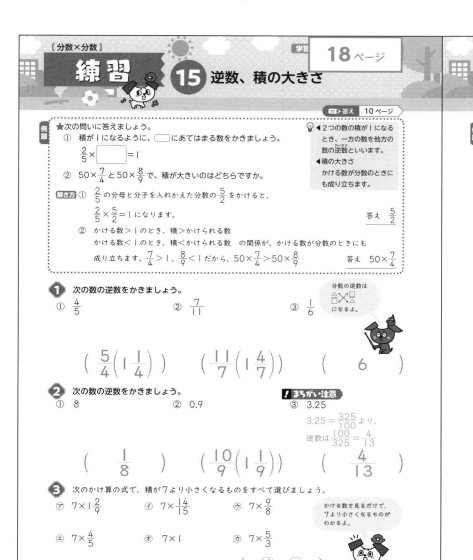

❶ 次の数の逆数をかきましょう。
① $\frac{4}{5}$ ② $\frac{7}{11}$ ③ $\frac{1}{6}$

分数の逆数は $\frac{□}{△} \times \frac{△}{□}$ になるよ。

$\left(\frac{5}{4}\left(1\frac{1}{4}\right)\right)$ $\left(\frac{11}{7}\left(1\frac{4}{7}\right)\right)$ $(\quad 6 \quad)$

❷ 次の数の逆数をかきましょう。
① 8 ② 0.9

❗まちがい注意
③ 3.25
$3.25 = \frac{325}{100}$ より、
逆数は $\frac{100}{325} = \frac{4}{13}$

$\left(\frac{1}{8}\right)$ $\left(\frac{10}{9}\left(1\frac{1}{9}\right)\right)$ $\left(\frac{4}{13}\right)$

❸ 次のかけ算の式で、積が7より小さくなるものをすべて選びましょう。

かける数を見るだけで、7より小さくなるものがわかるよ。

㋐ $7 \times 1\frac{2}{9}$ ㋑ $7 \times \frac{14}{15}$ ㋒ $7 \times \frac{9}{8}$

㋓ $7 \times \frac{4}{5}$ ㋔ 7×1 ㋕ $7 \times \frac{5}{3}$

(㋑、㋓)

💡ヒント ❸ ㋒ かける数の $\frac{9}{8}$ は $1\frac{1}{8}$ だから、1より大きい数です。

練習 ⑯ 計算のきまり

📧 答え 10ページ

例題

★次の問いに答えましょう。
① くふうして、$\left(\frac{3}{5} \times \frac{7}{4}\right) \times \frac{8}{7}$ の計算をしましょう。
② くふうして、$\left(\frac{1}{2} + \frac{2}{3}\right) \times 6$ の計算をしましょう。

💡 ◆計算のきまり
$○ \times △ = △ \times ○$
$(○ \times △) \times □$
$= ○ \times (△ \times □)$
◆計算のきまり
$(□ + ○) \times △$
$= □ \times △ + ○ \times △$

解き方 ① 計算のきまり $(○ \times △) \times □ = ○ \times (△ \times □)$ を使うと、
$\left(\frac{3}{5} \times \frac{7}{4}\right) \times \frac{8}{7} = \frac{3}{5} \times \left(\frac{7}{4} \times \frac{8}{7}\right) = \frac{3}{5} \times 2 = \frac{6}{5}\left(1\frac{1}{5}\right)$

② 計算のきまり $(□ + ○) \times △ = □ \times △ + ○ \times △$ を使うと、
$\left(\frac{1}{2} + \frac{2}{3}\right) \times 6 = \frac{1}{2} \times 6 + \frac{2}{3} \times 6 = 3 + 4 = \underline{7}$

❶ くふうして計算しましょう。
① $\left(\frac{7}{6} \times \frac{15}{4}\right) \times \frac{8}{5} = \frac{7}{6} \times \left(\frac{15}{4} \times \frac{8}{5}\right)$
$= \frac{7}{6} \times 6 = 7$

② $\left(\frac{3}{4} \times \frac{7}{8}\right) \times \frac{2}{3} = \frac{7}{8} \times \left(\frac{3}{4} \times \frac{2}{3}\right)$
$= \frac{7}{8} \times \frac{1}{2} = \frac{7}{16}$

③ $\left(\frac{12}{7} \times \frac{5}{9}\right) \times \frac{14}{3} = \frac{5}{9} \times \left(\frac{12}{7} \times \frac{14}{3}\right)$
$= \frac{5}{9} \times 8 = \frac{40}{9}\left(4\frac{4}{9}\right)$

④ $12 \times \left(\frac{1}{4} - \frac{1}{6}\right) = 12 \times \frac{1}{4} - 12 \times \frac{1}{6}$
$= 3 - 2 = 1$

⑤ $\left(\frac{1}{3} + \frac{1}{9}\right) \times \frac{9}{4} = \frac{1}{3} \times \frac{9}{4} + \frac{1}{9} \times \frac{9}{4}$
$= \frac{3}{4} + \frac{1}{4} = 1$

⑥ $5 \times \frac{8}{7} + 9 \times \frac{8}{7} = (5 + 9) \times \frac{8}{7}$
$= 14 \times \frac{8}{7} = 16$

❷ くふうして計算しましょう。
① $\left(\frac{1}{2} - \frac{1}{4}\right) \times \frac{4}{3} = \frac{1}{2} \times \frac{4}{3} - \frac{1}{4} \times \frac{4}{3}$
$= \frac{2}{3} - \frac{1}{3} = \frac{1}{3}$

② $\frac{12}{7} \times \left(\frac{1}{3} + \frac{1}{6}\right) = \frac{12}{7} \times \frac{1}{3} + \frac{12}{7} \times \frac{1}{6}$
$= \frac{4}{7} + \frac{2}{7} = \frac{6}{7}$

③ $\frac{10}{7} \times \left(\frac{21}{5} \times \frac{1}{4}\right) = \left(\frac{10}{7} \times \frac{21}{5}\right) \times \frac{1}{4}$
$= 6 \times \frac{1}{4} = \frac{3}{2}$

④ $11 \times \frac{7}{8} - 3 \times \frac{7}{8} = (11 - 3) \times \frac{7}{8}$
$= 8 \times \frac{7}{8} = 7$

💡ヒント ❷ ④ 計算のきまり $○ \times △ - □ \times △ = (○ - □) \times △$ を使って計算しましょう。

18ページ

❶ 分母と分子を入れかえると
逆数になります。

③ $\frac{6}{1}$ ではなく6と書きます。

❷ ① $8 = \frac{8}{1}$ なので、逆数は $\frac{1}{8}$
です。

② 0.9 を分数になおすと
$\frac{9}{10}$ なので、逆数は $\frac{10}{9}$
です。

❸ かける数が1より小さい数
のとき、積はかけられる数
より小さくなります。

19ページ

❶ 分数のときも、整数や小数
のときと同じように、計算
のきまりが成り立ちます。

① $(○ \times △) \times □$
$= ○ \times (△ \times □)$
④ $○ \times (△ - □)$
$= ○ \times △ - ○ \times □$
⑤ $(□ + ○) \times △$
$= □ \times △ + ○ \times △$
⑥ $□ \times △ + ○ \times △$
$= (□ + ○) \times △$

🏠 おうちのかたへ
どの計算のきまりを使うと計算
が簡単になるか、式をよく見て
考えさせましょう。

学習 **20** ページ

時間 **20** 分　合格 **80** 点 /100

答え **11** ページ

21 ページ

20ページ

❶ 次の計算をしましょう。　各3点(18点)

① $\dfrac{1}{5} \times \dfrac{2}{7} = \dfrac{1 \times 2}{5 \times 7} = \dfrac{2}{35}$

② $\dfrac{3}{4} \times \dfrac{5}{8} = \dfrac{3 \times 5}{4 \times 8} = \dfrac{15}{32}$

③ $4 \times \dfrac{2}{5} = \dfrac{4 \times 2}{1 \times 5} = \dfrac{8}{5}\left(1\dfrac{3}{5}\right)$

④ $\dfrac{2}{9} \times 5 = \dfrac{2 \times 5}{9 \times 1} = \dfrac{10}{9}\left(1\dfrac{1}{9}\right)$

⑤ $\dfrac{4}{7} \times \dfrac{2}{5} \times \dfrac{2}{3} = \dfrac{4 \times 2 \times 2}{7 \times 5 \times 3} = \dfrac{16}{105}$

⑥ $7 \times \dfrac{2}{5} \times \dfrac{4}{9} = \dfrac{7 \times 2 \times 4}{1 \times 5 \times 9} = \dfrac{56}{45}\left(1\dfrac{11}{45}\right)$

❷ 次の計算をしましょう。　各3点(18点)

① $\dfrac{3}{8} \times \dfrac{4}{9} = \dfrac{3 \times 4}{8 \times 9} = \dfrac{1}{6}$

② $\dfrac{9}{20} \times \dfrac{8}{15} = \dfrac{9 \times 8}{20 \times 15} = \dfrac{6}{25}$

③ $16 \times \dfrac{7}{24} = \dfrac{16 \times 7}{1 \times 24} = \dfrac{14}{3}\left(4\dfrac{2}{3}\right)$

④ $\dfrac{5}{8} \times 6 = \dfrac{5 \times 6}{8 \times 1} = \dfrac{15}{4}\left(3\dfrac{3}{4}\right)$

⑤ $\dfrac{3}{5} \times \dfrac{7}{6} \times \dfrac{5}{14} = \dfrac{3 \times 7 \times 5}{5 \times 6 \times 14} = \dfrac{1}{4}$

⑥ $21 \times \dfrac{3}{8} \times \dfrac{4}{7} = \dfrac{21 \times 3 \times 4}{1 \times 8 \times 7} = \dfrac{9}{2}\left(4\dfrac{1}{2}\right)$

❸ 次の問いに答えましょう。　各4点(8点)

① 70 kg の $\dfrac{3}{7}$ は何 kg ですか。

$70 \times \dfrac{3}{7} = \dfrac{70 \times 3}{1 \times 7} = 30$

（　30 kg　）

② $\dfrac{15}{16}$ m の $\dfrac{4}{9}$ は何 m ですか。

$\dfrac{15}{16} \times \dfrac{4}{9} = \dfrac{15 \times 4}{16 \times 9} = \dfrac{5}{12}$

（　$\dfrac{5}{12}$ m　）

❹ 次の計算をしましょう。　各4点(24点)

① $1\dfrac{3}{5} \times 2\dfrac{2}{7} = \dfrac{8}{5} \times \dfrac{16}{7} = \dfrac{128}{35}\left(3\dfrac{23}{35}\right)$

② $1\dfrac{1}{9} \times 1\dfrac{3}{7} = \dfrac{10}{9} \times \dfrac{10}{7} = \dfrac{100}{63}\left(1\dfrac{37}{63}\right)$

③ $1\dfrac{1}{4} \times 2\dfrac{1}{5} = \dfrac{5}{4} \times \dfrac{11}{5} = \dfrac{5 \times 11}{4 \times 5} = \dfrac{11}{4}\left(2\dfrac{3}{4}\right)$

④ $2\dfrac{2}{7} \times 2\dfrac{5}{8} = \dfrac{16}{7} \times \dfrac{21}{8} = \dfrac{16 \times 21}{7 \times 8} = 6$

⑤ $1\dfrac{2}{3} \times 2\dfrac{2}{5} = \dfrac{5}{3} \times \dfrac{12}{5} = \dfrac{5 \times 12}{3 \times 5} = 4$

⑥ $1\dfrac{1}{2} \times 1\dfrac{1}{6} \times 1\dfrac{1}{3} = \dfrac{3}{2} \times \dfrac{7}{6} \times \dfrac{4}{3} = \dfrac{7}{3}\left(2\dfrac{1}{3}\right)$

❺ 次の問いに答えましょう。　各4点(8点)

① 縦 $\dfrac{8}{9}$ m、横 $\dfrac{3}{4}$ m の長方形の面積は何 m^2 ですか。

$\dfrac{8}{9} \times \dfrac{3}{4} = \dfrac{8 \times 3}{9 \times 4} = \dfrac{2}{3}$

（　$\dfrac{2}{3}$ m^2　）

② 縦 $2\dfrac{1}{4}$ m、横 $\dfrac{5}{8}$ m、高さ $1\dfrac{1}{9}$ m の直方体の体積は何 m^3 ですか。

$2\dfrac{1}{4} \times \dfrac{5}{8} \times 1\dfrac{1}{9} = \dfrac{9 \times 5 \times 10}{4 \times 8 \times 9} = \dfrac{25}{16}$

（　$\dfrac{25}{16}$ m^3 $\left(1\dfrac{9}{16}\ m^3\right)$　）

❻ （　）の中の単位で表しましょう。　各4点(8点)

① $\dfrac{5}{12}$ 分 （秒）

$60 \times \dfrac{5}{12} = 25$

（　25 秒　）

② $\dfrac{7}{5}$ 時間 （分）

$60 \times \dfrac{7}{5} = 84$

（　84 分　）

❼ くふうして計算しましょう。　てきるようにしよう　各4点(16点)

① $\left(\dfrac{16}{7} \times \dfrac{11}{9}\right) \times \dfrac{21}{8}$

$= \left(\dfrac{16}{7} \times \dfrac{21}{8}\right) \times \dfrac{11}{9} = 6 \times \dfrac{11}{9}$

$= \dfrac{22}{3}\left(7\dfrac{1}{3}\right)$

② $\left(\dfrac{7}{9} \times \dfrac{5}{11}\right) \times \dfrac{3}{7}$

$= \left(\dfrac{7}{9} \times \dfrac{3}{7}\right) \times \dfrac{5}{11} = \dfrac{1}{3} \times \dfrac{5}{11} = \dfrac{5}{33}$

③ $\dfrac{18}{7} \times \left(\dfrac{1}{2} - \dfrac{1}{9}\right)$

$= \dfrac{18}{7} \times \dfrac{1}{2} - \dfrac{18}{7} \times \dfrac{1}{9}$

$= \dfrac{9}{7} - \dfrac{2}{7} = 1$

④ $\dfrac{5}{6} \times \dfrac{1}{2} + \dfrac{5}{6} \times \dfrac{1}{3}$

$= \dfrac{5}{6} \times \left(\dfrac{1}{2} + \dfrac{1}{3}\right) = \dfrac{5}{6} \times \left(\dfrac{3}{6} + \dfrac{2}{6}\right)$

$= \dfrac{5}{6} \times \dfrac{5}{6} = \dfrac{25}{36}$

---

20 ページ

❶ 分数のかけ算では、分母どうし、分子どうしの計算をします。

③整数は分母が1の分数になおしてかけ算します。

❷ 計算のとちゅうで約分できるときは、約分してから計算すると簡単です。

❸ くらべる量
＝もとにする量×割合

21 ページ

❹ 帯分数のはいったかけ算では、帯分数を仮分数になおしてから計算します。

❺ ①長方形の面積
＝縦×横
②直方体の体積
＝縦×横×高さ

❻ ①1分＝60秒だから、$\dfrac{5}{12}$ 分は60秒の $\dfrac{5}{12}$ 倍です。

❼ 計算のきまりを利用します。
④△×○＋△×□
＝△×（○＋□）

🏠 **おうちのかたへ**

時間の単位を変えて表す問題は、『60秒の $\dfrac{○}{□}$ 倍』や、『60分の $\dfrac{○}{□}$ 倍』と考えさせるようにしましょう。

⑧答え 12ページ

例題 ★ $\frac{1}{5} \div \frac{1}{3}$、$\frac{3}{4} \div \frac{2}{3}$、$\frac{2}{7} \div \frac{3}{4}$ の計算をしましょう。

◀分数のわり算では、わる数の逆数をかけます。

解き方
$\frac{1}{5} \div \frac{1}{3} = \frac{1}{5} \times \frac{3}{1} = \frac{1 \times 3}{5 \times 1} = \frac{3}{5}$

$\frac{3}{4} \div \frac{2}{3} = \frac{3}{4} \times \frac{3}{2} = \frac{3 \times 3}{4 \times 2} = \frac{9}{8} \left(1\frac{1}{8}\right)$

$\frac{2}{7} \div \frac{3}{4} = \frac{2}{7} \times \frac{4}{3} = \frac{2 \times 4}{7 \times 3} = \frac{8}{21}$

❶ □にあてはまる数をかきましょう。

① $\frac{3}{5} \div \frac{2}{3} = \frac{3}{5} \times \boxed{\frac{3}{2}}$
$= \frac{3 \times \boxed{3}}{5 \times \boxed{2}}$
$= \boxed{\frac{9}{10}}$

② $\frac{3}{4} \div \frac{1}{5} = \frac{3}{4} \times \boxed{\frac{5}{1}}$
$= \frac{3 \times \boxed{5}}{4 \times \boxed{1}}$
$= \boxed{\frac{15}{4}} \left(3\frac{3}{4}\right)$

分数÷分数の計算では
$\frac{△}{□} \div \frac{☆}{○} = \frac{△×○}{□×☆}$
になるね。

❷ 次の計算をしましょう。

① $\frac{1}{5} \div \frac{3}{4} = \frac{1 \times 4}{5 \times 3} = \frac{4}{15}$

② $\frac{5}{6} \div \frac{1}{7} = \frac{5 \times 7}{6 \times 1} = \frac{35}{6} \left(5\frac{5}{6}\right)$

③ $\frac{4}{7} \div \frac{3}{4} = \frac{4 \times 4}{7 \times 3} = \frac{16}{21}$

④ $\frac{3}{2} \div \frac{2}{5} = \frac{3 \times 5}{2 \times 2} = \frac{15}{4} \left(3\frac{3}{4}\right)$

⑤ $\frac{3}{8} \div \frac{7}{5} = \frac{3 \times 5}{8 \times 7} = \frac{15}{56}$

⑥ $\frac{5}{6} \div \frac{6}{5} = \frac{5 \times 5}{6 \times 6} = \frac{25}{36}$

⑦ $\frac{2}{3} \div \frac{7}{8} = \frac{2 \times 8}{3 \times 7} = \frac{16}{21}$

⑧ $\frac{3}{4} \div \frac{5}{7} = \frac{3 \times 7}{4 \times 5} = \frac{21}{20} \left(1\frac{1}{20}\right)$

●よくみて

⑨ $\frac{5}{6} \div \frac{2}{5} \div \frac{3}{7} = \frac{5 \times 5 \times 7}{6 \times 2 \times 3}$
$= \frac{175}{36} \left(4\frac{31}{36}\right)$

⑩ $\frac{5}{2} \div \frac{4}{9} \div \frac{8}{7} = \frac{5 \times 9 \times 7}{2 \times 4 \times 8}$
$= \frac{315}{64} \left(4\frac{59}{64}\right)$

●ヒント ❷⑨ わる数は $\frac{2}{5}$ と $\frac{3}{7}$ だから、2つとも逆数にしてかけ算をします。

---

⑧答え 12ページ

例題 ★ $\frac{1}{4} \div \frac{7}{6}$、$\frac{2}{9} \div \frac{4}{3}$ の計算をしましょう。

◀計算のとちゅうで約分できるときは、約分してから計算すると簡単です。

解き方
$\frac{1}{4} \div \frac{7}{6} = \frac{1}{4} \times \frac{6}{7}$
$= \frac{1 \times \overset{3}{\cancel{6}}}{\underset{2}{\cancel{4}} \times 7}$
$= \frac{1 \times 3}{2 \times 7}$
$= \frac{3}{14}$

$\frac{2}{9} \div \frac{4}{3} = \frac{2}{9} \times \frac{3}{4}$
$= \frac{\overset{1}{\cancel{2}} \times \overset{1}{\cancel{3}}}{\underset{3}{\cancel{9}} \times \underset{2}{\cancel{4}}}$
$= \frac{1 \times 1}{3 \times 2}$
$= \frac{1}{6}$

❶ □にあてはまる数をかきましょう。

① $\frac{9}{8} \div \frac{3}{5} = \frac{9}{8} \times \boxed{\frac{5}{3}}$
$= \frac{9 \times \boxed{5}}{8 \times \boxed{3}} = \frac{3 \times \boxed{5}}{8 \times \boxed{1}}$
$= \boxed{\frac{15}{8}} \left(1\frac{7}{8}\right)$

② $\frac{3}{10} \div \frac{6}{5} = \frac{3}{10} \times \boxed{\frac{5}{6}}$
$= \frac{3 \times \boxed{5}}{10 \times \boxed{6}} = \frac{1 \times \boxed{1}}{2 \times \boxed{2}}$
$= \boxed{\frac{1}{4}}$

❷ 次の計算をしましょう。

① $\frac{3}{4} \div \frac{7}{2} = \frac{3 \times 2}{4 \times 7} = \frac{3}{14}$

② $\frac{5}{8} \div \frac{10}{11} = \frac{5 \times 11}{8 \times 10} = \frac{11}{16}$

③ $\frac{4}{9} \div \frac{6}{11} = \frac{4 \times 11}{9 \times 6} = \frac{22}{27}$

④ $\frac{2}{3} \div \frac{8}{3} = \frac{2 \times 3}{3 \times 8} = \frac{1}{4}$

⑤ $\frac{3}{4} \div \frac{15}{16} = \frac{3 \times 16}{4 \times 15} = \frac{4}{5}$

⑥ $\frac{16}{21} \div \frac{4}{7} = \frac{16 \times 7}{21 \times 4} = \frac{4}{3} \left(1\frac{1}{3}\right)$

⑦ $\frac{10}{3} \div \frac{5}{6} = \frac{10 \times 6}{3 \times 5} = 4$

⑧ $\frac{8}{15} \div \frac{4}{9} = \frac{8 \times 9}{15 \times 4} = \frac{6}{5} \left(1\frac{1}{5}\right)$

●よくみて

⑨ $\frac{15}{16} \div \frac{9}{14} \div \frac{7}{6} = \frac{15 \times 14 \times 6}{16 \times 9 \times 7} = \frac{5}{4} \left(1\frac{1}{4}\right)$

十─計算に強くなる！×÷
分数÷分数の計算で、約分できるときは、とちゅうで約分しよう。そのほうがまちがいが少なくなるよ。

●ヒント ❷⑨ 約分忘れには気をつけましょう。

22ページ

❶ 分数のわり算では、わる数の逆数をかけます。

① $\frac{2}{3}$ の逆数の $\frac{3}{2}$ をかけます。

② $\frac{1}{5}$ の逆数の $\frac{5}{1}$ をかけます。

❷ $\frac{△}{□} \div \frac{●}{○} = \frac{△×○}{□×●}$

⑨わる数を逆数にするので、
$\frac{5}{6} \div \frac{2}{5} \div \frac{3}{7} = \frac{5}{6} \times \frac{5}{2} \times \frac{7}{3}$
となります。

⑩ $\frac{5}{2} \div \frac{4}{9} \div \frac{8}{7} = \frac{5}{2} \times \frac{9}{4} \times \frac{7}{8}$

23ページ

❶ 計算のとちゅうで約分できるときは、約分してから計算すると簡単です。

①分母の3と分子の9を最大公約数の3で約分します。

❷ ⑨わる数を逆数にして、
$\frac{15}{16} \div \frac{9}{14} \div \frac{7}{6}$
$= \frac{15}{16} \times \frac{14}{9} \times \frac{6}{7}$
$= \frac{15 \times 14 \times 6}{16 \times 9 \times 7}$

約分できるものがなくなるまで約分します。約分忘れがないように注意しましょう。

🏠 おうちのかたへ
分数が3つ以上のわり算でも、わる数はすべて逆数にしてかけ算をすることに注意しましょう。

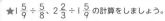

答え 13ページ

例題 ★ $1\frac{5}{9} \div 5$、$2\frac{2}{3} \div 1\frac{5}{9}$ の計算をしましょう。

解き方
$$1\frac{5}{9} \div \frac{5}{8} = \frac{14}{9} \div \frac{5}{8}$$
$$= \frac{14}{9} \times \frac{8}{5}$$
$$= \frac{14 \times 8}{9 \times 5}$$
$$= \frac{112}{45} \left(2\frac{22}{45}\right)$$

$$2\frac{2}{3} \div 1\frac{5}{9} = \frac{8}{3} \div \frac{14}{9}$$
$$= \frac{8}{3} \times \frac{9}{14}$$
$$= \frac{\overset{4}{\cancel{8}} \times \overset{3}{\cancel{9}}}{\underset{1}{\cancel{3}} \times \underset{7}{\cancel{14}}}$$
$$= \frac{12}{7} \left(1\frac{5}{7}\right)$$

◀ 帯分数のはいった計算では、帯分数を仮分数になおして計算します。約分できるときは、とちゅうで約分しておきます。

❶ □ にあてはまる数をかきましょう。

① $1\frac{2}{3} \div 2\frac{1}{8} = \frac{5}{3} \times \frac{8}{17}$
$= \frac{5 \times 8}{3 \times 17}$
$= \frac{40}{51}$

② $1\frac{4}{5} \div 2\frac{1}{10} = \frac{9}{5} \times \frac{10}{21}$
$= \frac{9 \times 10}{5 \times 21} = \frac{3 \times 2}{1 \times 7}$
$= \frac{6}{7}$

❷ 次の計算をしましょう。

① $2\frac{1}{3} \div 1\frac{5}{8} = \frac{7 \times 8}{3 \times 13} = \frac{56}{39}\left(1\frac{17}{39}\right)$

② $2\frac{1}{4} \div 1\frac{2}{5} = \frac{9 \times 5}{4 \times 7} = \frac{45}{28}\left(1\frac{17}{28}\right)$

③ $1\frac{2}{9} \div 1\frac{1}{4} = \frac{11 \times 4}{9 \times 5} = \frac{44}{45}$

④ $2\frac{1}{2} \div 1\frac{1}{3} = \frac{5 \times 3}{2 \times 4} = \frac{15}{8}\left(1\frac{7}{8}\right)$

⑤ $2\frac{2}{9} \div \frac{5}{8} = \frac{20 \times 8}{9 \times 5} = \frac{32}{9}\left(3\frac{5}{9}\right)$

⑥ $2\frac{2}{5} \div 1\frac{2}{7} = \frac{12 \times 7}{5 \times 9} = \frac{28}{15}\left(1\frac{13}{15}\right)$

⑦ $1\frac{1}{6} \div 2\frac{1}{9} = \frac{7 \times 9}{6 \times 19} = \frac{21}{38}$

⑧ $1\frac{5}{9} \div 1\frac{13}{15}$
$= \frac{14 \times 15}{9 \times 28} = \frac{5}{6}$

よくみて ⑧ $\frac{14}{9} \times \frac{15}{28}$ となるので、とちゅうで約分しておこう。

ヒント ❷ ⑥ $\frac{12}{5} \times \frac{7}{9}$ となるので、12と9は3でわれます。

24

答え 13ページ

例題 ★ $5 \div \frac{3}{4}$ の計算をしましょう。

解き方 $5 \div \frac{3}{4} = \frac{5}{1} \times \frac{4}{3}$
$= \frac{5 \times 4}{1 \times 3}$
$= \frac{20}{3}\left(6\frac{2}{3}\right)$

◀ 整数は分母が1の分数になおして計算しましょう。

❶ □ にあてはまる数をかきましょう。

① $2 \div \frac{5}{6} = \frac{2}{1} \times \frac{6}{5}$
$= \frac{2 \times 6}{1 \times 5}$
$= \frac{12}{5}\left(2\frac{2}{5}\right)$

② $5 \div \frac{2}{3} = \frac{5}{1} \times \frac{3}{2}$
$= \frac{5 \times 3}{1 \times 2}$
$= \frac{15}{2}\left(7\frac{1}{2}\right)$

5は $\frac{5}{1}$ になおして計算しよう。

❷ 次の計算をしましょう。

① $3 \div \frac{2}{5} = \frac{3 \times 5}{1 \times 2} = \frac{15}{2}\left(7\frac{1}{2}\right)$

② $8 \div \frac{9}{10} = \frac{8 \times 10}{1 \times 9} = \frac{80}{9}\left(8\frac{8}{9}\right)$

③ $8 \div \frac{2}{3} = \frac{8 \times 3}{1 \times 2} = 12$

④ $5 \div \frac{4}{7} = \frac{5 \times 7}{1 \times 4} = \frac{35}{4}\left(8\frac{3}{4}\right)$

⑤ $2 \div \frac{3}{7} = \frac{2 \times 7}{1 \times 3} = \frac{14}{3}\left(4\frac{2}{3}\right)$

⑥ $4 \div \frac{2}{7} = \frac{4 \times 7}{1 \times 2} = 14$

⑦ $5 \div \frac{5}{9} = \frac{5 \times 9}{1 \times 5} = 9$

⑧ $4 \div \frac{5}{12} = \frac{4 \times 12}{1 \times 5} = \frac{48}{5}\left(9\frac{3}{5}\right)$

⑨ $\frac{8}{5} \div 4 \div 7 = \frac{8 \times 1 \times 5}{5 \times 4 \times 7} = \frac{2}{7}$

⑩ $\frac{6}{5} \div 6 \div \frac{4}{5} = \frac{6 \times 1 \times 5}{5 \times 6 \times 4} = \frac{1}{4}$

まちがい注意

ヒント ❷ ⑨ 4は $\frac{4}{1}$ になおして計算します。

25

24ページ

❶ 帯分数のはいった計算では、帯分数を仮分数になおして計算します。

❷ 約分できるときは、とちゅうで約分しておきます。
⑧分母の9と分子の15、分母の28と分子の14をそれぞれ約分してから計算します。

25ページ

❶ 整数は分母が1の分数になおして計算します。
①2を $\frac{2}{1}$ になおして、$\frac{5}{6}$ を逆数の $\frac{6}{5}$ にしてかけ算します。

❷ ⑨4を $\frac{4}{1}$ になおして逆数にして $\frac{1}{4}$、$\frac{7}{3}$ を逆数にして $\frac{3}{7}$ なので、
$$\frac{5}{8} \div 4 \div 7 = \frac{5}{8} \times \frac{1}{4} \times \frac{3}{7}$$
となります。
⑩6を $\frac{6}{1}$ になおして逆数にして $\frac{1}{6}$、$\frac{4}{5}$ を逆数にして $\frac{5}{4}$ なので、
$$\frac{5}{6} \div 6 \div \frac{4}{5} = \frac{5}{6} \times \frac{1}{6} \times \frac{5}{4}$$
となります。

🏠 おうちのかたへ
帯分数から仮分数へのなおしかたが身についていない場合は、4年生の分数の内容を振り返りましょう。

練習 22 小数と分数が混じったわり算

▤▶答え 14ページ

例題 ★$0.6 \div \frac{2}{5}$、$\frac{3}{7} \div 0.9$ の計算をしましょう。

💡◀小数と分数が混じったわり算は、分数のかけ算になおして計算します。

解き方 $0.6 \div \frac{2}{5} = \frac{6}{10} \div \frac{2}{5}$

$= \frac{6}{10} \times \frac{5}{2}$

$= \frac{\overset{3}{\cancel{6}} \times \overset{1}{\cancel{5}}}{\underset{2}{\cancel{10}} \times \underset{1}{\cancel{2}}}$

$= \frac{3}{2}\left(1\frac{1}{2}\right)$

$\frac{3}{7} \div 0.9 = \frac{3}{7} \div \frac{9}{10}$

$= \frac{3}{7} \times \frac{10}{9}$

$= \frac{\overset{1}{\cancel{3}} \times 10}{7 \times \underset{3}{\cancel{9}}}$

$= \frac{10}{21}$

❶ □ にあてはまる数をかきましょう。

① $1.5 \div \frac{5}{6} = \frac{15}{\boxed{10}} \times \frac{6}{5}$

$= \frac{15 \times 6}{\boxed{10} \times 5}$

$= \frac{9}{5}\left(1\frac{4}{5}\right)$

② $\frac{3}{4} \div 1.2 = \frac{3}{4} \div \frac{12}{\boxed{10}}$

$= \frac{3 \times \boxed{10}}{4 \times \boxed{12}}$

$= \frac{5}{8}$

❷ 次の計算をしましょう。

① $0.3 \div \frac{2}{3} = \frac{3 \times 3}{10 \times 2} = \frac{9}{20}$

② $\frac{6}{25} \div 1.6 = \frac{6 \times 10}{25 \times 16} = \frac{3}{20}$

③ $2.8 \div \frac{4}{9} = \frac{28 \times 9}{10 \times 4} = \frac{63}{10}\left(6\frac{3}{10}\right)$

④ $\frac{7}{12} \div 3.5 = \frac{7 \times 10}{12 \times 35} = \frac{1}{6}$

⑤ $3\frac{1}{2} \div 4.9 = \frac{7 \times 10}{2 \times 49} = \frac{5}{7}$

⑥ $2.6 \div 2\frac{3}{5} = \frac{26 \times 5}{10 \times 13} = 1$

●ヒント ❷⑥ $2\frac{3}{5}$ を仮分数になおすと、$\frac{13}{5}$ となるので、逆数にしてかけ算しましょう。

練習 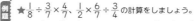 23 分数のかけ算とわり算の混じった式

▤▶答え 14ページ

例題 ★$\frac{1}{8} \div \frac{3}{7} \times \frac{4}{7}$、$\frac{1}{2} \times \frac{6}{7} \div \frac{3}{4}$ の計算をしましょう。

💡◀分数のかけ算とわり算の混じった式は、かけ算だけの式になおして計算します。わり算は、わる数を逆数にしてかけます。

解き方 $\frac{1}{8} \div \frac{3}{7} \times \frac{4}{7}$

$= \frac{1}{8} \times \frac{7}{3} \times \frac{4}{7}$

$= \frac{1 \times \overset{1}{\cancel{7}} \times \overset{1}{\cancel{4}}}{\underset{2}{\cancel{8}} \times 3 \times \underset{1}{\cancel{7}}}$

$= \frac{1}{6}$

$\frac{1}{2} \times \frac{6}{7} \div \frac{3}{4}$

$= \frac{1}{2} \times \frac{6}{7} \times \frac{4}{3}$

$= \frac{1 \times \overset{2}{\cancel{6}} \times \overset{2}{\cancel{4}}}{\underset{1}{\cancel{2}} \times 7 \times \underset{1}{\cancel{3}}}$

$= \frac{4}{7}$

❶ □ にあてはまる数をかきましょう。

① $\frac{5}{6} \div \frac{1}{9} \div \frac{5}{4} = \frac{5}{6} \times \frac{1}{9} \times \frac{\boxed{4}}{\boxed{5}}$

$= \frac{5 \times 1 \times \boxed{4}}{6 \times 9 \times \boxed{5}}$

$= \frac{2}{27}$

② $\frac{3}{5} \div \frac{4}{3} \times \frac{2}{5} = \frac{3}{5} \times \frac{\boxed{3}}{\boxed{4}} \times \frac{2}{5}$

$= \frac{3 \times \boxed{3} \times 2}{5 \times \boxed{4} \times 5}$

$= \frac{9}{50}$

約分できるときは、とちゅうで約分しておこう。

❷ 次の計算をしましょう。

① $\frac{3}{5} \times \frac{5}{4} \div \frac{2}{9} = \frac{3 \times 5 \times 9}{5 \times 4 \times 2} = \frac{27}{8}\left(3\frac{3}{8}\right)$

② $\frac{5}{9} \times \frac{3}{4} \div \frac{3}{2} = \frac{5 \times 3 \times 2}{9 \times 4 \times 3} = \frac{5}{18}$

③ $\frac{7}{12} \div \frac{5}{6} \times \frac{15}{14} = \frac{7 \times 6 \times 15}{12 \times 5 \times 14} = \frac{3}{4}$

④ $\frac{8}{9} \div \frac{2}{3} \div \frac{5}{12} = \frac{8 \times 3 \times 12}{9 \times 2 \times 5} = \frac{16}{5}\left(3\frac{1}{5}\right)$

！まちがい注意

⑤ $\frac{3}{7} \div 1\frac{5}{7} \times \frac{8}{9} = \frac{3 \times 7 \times 8}{7 \times 12 \times 9} = \frac{2}{9}$

⑥ $2\frac{2}{9} \div 3\frac{1}{3} \div \frac{5}{6} = \frac{20 \times 3 \times 6}{9 \times 10 \times 5} = \frac{4}{5}$

➕➖計算に強くなる！✕➗
わる数の逆数をかけると、かけ算だけの式になるよ。約分も忘れないように。

●ヒント ❷⑤ $1\frac{5}{7}$ を仮分数になおすと、$\frac{12}{7}$ となるので、逆数にしてかけ算しましょう。

---

26 ページ

❶ 小数と分数が混じったわり算は、分数のかけ算になおすことができます。

①1.5 を分数になおして $\frac{15}{10}$、$\frac{5}{6}$ を逆数にしてかけると、

$1.5 \div \frac{5}{6} = \frac{15}{10} \times \frac{6}{5}$

となります。

❷ ⑤帯分数は仮分数になおし、小数は分数になおして、逆数にしてかけます。

27 ページ

❶ 分数のかけ算とわり算の混じった式は、かけ算だけの式になおして計算します。わり算は逆数にしてかけます。

❷ ①わる数の $\frac{2}{9}$ を逆数にしてかけます。

⑤わる数の $1\frac{5}{7}$ を仮分数になおしてから逆数にしてかけます。

🏠 **おうちのかたへ**
わり算・かけ算が混じった式では逆数になおしたり、わり算をかけ算にしたりします。
丁寧に計算させましょう。

練習 24 かけ算とわり算の混じった式⑴

答え 15ページ

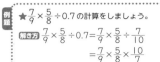

例題 ★$\frac{7}{9} \times \frac{5}{8} \div 0.7$ の計算をしましょう。

解き方 $\frac{7}{9} \times \frac{5}{8} \div 0.7 = \frac{7}{9} \times \frac{5}{8} \div \frac{7}{10}$

$= \frac{7}{9} \times \frac{5}{8} \times \frac{10}{7}$

$= \frac{\overset{1}{7} \times 5 \times \overset{5}{10}}{9 \times \overset{}{8} \times \overset{}{7}}$

$= \frac{25}{36}$

💡◀ かけ算とわり算の混じった式は、かけ算だけの式になおして計算します。
小数は分数の形になおして計算します。
わり算は、わる数を逆数にしてかけます。

1 ▭にあてはまる数をかきましょう。

① $\frac{3}{4} \times 0.8 \div \frac{3}{5} = \frac{3}{4} \times \boxed{\dfrac{8}{10}} \times \frac{5}{3}$

$= \frac{3 \times \boxed{8} \times 5}{4 \times \boxed{10} \times 3}$

$= \boxed{1}$

② $2.4 \times \frac{1}{2} \div 1.2 = \frac{24}{10} \times \frac{1}{2} \times \boxed{\dfrac{10}{12}}$

$= \frac{24 \times 1 \times \boxed{10}}{10 \times 2 \times \boxed{12}}$

$= \boxed{1}$

2 次の計算をしましょう。

① $\frac{1}{2} \div \frac{1}{3} \div 0.7 = \frac{1 \times 3 \times 10}{2 \times 1 \times 7} = \frac{15}{7}\left(2\frac{1}{7}\right)$

② $2.5 \div \frac{5}{7} \times \frac{7}{12} = \frac{25 \times 7 \times 7}{10 \times 5 \times 12} = \frac{49}{24}\left(2\frac{1}{24}\right)$

③ $2.7 \times \frac{3}{4} \div 4.5 = \frac{27 \times 3 \times 10}{10 \times 4 \times 45} = \frac{9}{20}$

④ $1.4 \div \frac{1}{9} \div \frac{7}{4} = \frac{14 \times 9 \times 4}{10 \times 1 \times 7} = \frac{36}{5}\left(7\frac{1}{5}\right)$

⑤ $2.4 \times \frac{1}{7} \div 1.4 = \frac{24 \times 1 \times 10}{10 \times 7 \times 14} = \frac{12}{49}$

◆よくみて ⑥ $9 \div 1.2 \div \frac{1}{6} = \frac{9 \times 10 \times 6}{1 \times 12 \times 1} = 45$

⑥ $9 \div 1.2 \div \frac{1}{6} = \frac{9}{1} \times \frac{10}{12} \times \frac{6}{1}$ になるよ。

●ヒント 2 ① 0.7を分数になおすと、$\frac{7}{10}$ となるので、$\frac{1}{2} \div \frac{1}{3} \div \frac{7}{10}$ を計算します。

練習 25 かけ算とわり算の混じった式⑵

答え 15ページ

例題 ★次の問いに答えましょう。
① $6 \div 1.2 \div 0.5$ の計算をしましょう。
② $48 \div \frac{8}{5}$ と $48 \div \frac{2}{3}$ で、商が大きいのはどちらですか。

解き方 ① $6 \div 1.2 \div 0.5 = \frac{6}{1} \div \frac{12}{10} \div \frac{5}{10} = \frac{6}{1} \times \frac{10}{12} \times \frac{10}{5} = \underline{10}$

② わる数＞1のとき、商＜わられる数
わる数＜1のとき、商＞わられる数　の関係が、わる数が分数のときにも成り立ちます。$48 \div \frac{8}{5} < 48 \div \frac{2}{3}$

答え $48 \div \frac{2}{3}$

💡◀ 整数、小数は分数の形になおしてから計算します。
わり算は、わる数を逆数にしてかけます。

◀商の大きさ
わる数が分数のときにも成り立ちます。

1 次の計算をしましょう。

① $4 \div 0.6 \times 0.8 = \frac{4 \times 10 \times 8}{1 \times 6 \times 10}$
$= \frac{16}{3}\left(5\frac{1}{3}\right)$

② $1.2 \div 3.6 \div 0.8 = \frac{12 \times 10 \times 10}{10 \times 36 \times 8} = \frac{5}{12}$

③ $0.5 \div 6 \div 1.5 = \frac{5 \times 1 \times 10}{10 \times 6 \times 15} = \frac{1}{18}$

④ $0.8 \div 1.6 \times 2.5 = \frac{8 \times 10 \times 25}{10 \times 16 \times 10}$
$= \frac{5}{4}\left(1\frac{1}{4}\right)$

⑤ $1.6 \div 5 \div 0.6 = \frac{16 \times 1 \times 10}{10 \times 5 \times 6} = \frac{8}{15}$

⑥ $1.2 \div 0.4 \times 0.5 = \frac{12 \times 10 \times 5}{10 \times 4 \times 10}$
$= \frac{3}{2}\left(1\frac{1}{2}\right)$

2 次のわり算の式で、商が12より大きくなるものをすべて選びましょう。

⑦ $12 \div \frac{7}{6}$　　　　① $12 \div \frac{3}{5}$　　　　⑦ $12 \div 1$

㋓ $12 \div 1\frac{1}{8}$　　　　㋔ $12 \div \frac{3}{2}$　　　　㋕ $12 \div \frac{5}{9}$

わる数を見ただけで、12より大きくなるものがわかるね。

(**①、㋕**)

●ヒント 1 ② 小数を分数になおして、$\frac{12}{10} \div \frac{36}{10} \div \frac{8}{10}$ を計算します。

28ページ

1 小数は分数の形になおして計算します。
①0.8を分数になおして $\frac{8}{10}$、$\frac{3}{5}$ を逆数にしてかけ算にします。
②2.4、1.2を分数になおして、それぞれ $\frac{24}{10}$、$\frac{12}{10}$。さらに $\frac{12}{10}$ を逆数にしてかけ算にします。

29ページ

1 整数、小数は分数に、わり算はかけ算になおして計算します。
①$4 \div 0.6 \times 0.8$
$= \frac{4}{1} \div \frac{6}{10} \times \frac{8}{10}$
$= \frac{4}{1} \times \frac{10}{6} \times \frac{8}{10}$

2 わる数が1より小さいとき、商はわられる数より大きくなります。
わる数が1より小さいものをさがすと、①の $\frac{3}{5}$、㋕の $\frac{5}{9}$ です。

⌂ おうちのかたへ
わり算では、1より小さい数でわると、商はわられる数より大きくなることに注意させましょう。

練習 26 割合を表す分数(1)

答え 16ページ

例題
★次の問いに答えましょう。
① 20 cm は 50 cm の何倍ですか。
② 48 cm の $\frac{3}{4}$ は何 cm ですか。

解き方 ① もとにする量は 50 cm で、くらべる量は 20 cm だから、

$20 \div 50 = \frac{2}{5}$

答え $\frac{2}{5}$ 倍

② もとにする量は 48 cm で、割合が $\frac{3}{4}$ だから、

$48 \times \frac{3}{4} = 36$

答え 36 cm

💡 くらべる量がもとにする量の何倍にあたるかを表した数が割合です。

割合＝くらべる量÷もとにする量

くらべる量＝もとにする量×割合

◀分数のときも、上の式が使えます。

1 □にあてはまる数をかきましょう。
① 28 L の $\frac{4}{7}$ は $\boxed{16}$ L です。

$28 \times \frac{4}{7} = 16$

② $1\frac{4}{5}$ kg の $\frac{2}{3}$ は $\boxed{\frac{6}{5}\left(1\frac{1}{5}\right)}$ kg です。

$1\frac{4}{5} \times \frac{2}{3} = \frac{9 \times 2}{5 \times 3} = \frac{6}{5}$

③ $\boxed{\frac{1}{4}}$ m は $\frac{5}{8}$ m の $\frac{2}{5}$ です。

$\frac{5}{8} \times \frac{2}{5} = \frac{1}{4}$

図にかいて考えてみよう！

2 次の問いに答えましょう。
① 40 m² の $\frac{3}{8}$ は何 m² ですか。

$40 \times \frac{3}{8} = 15$

(15 m²)

② $\frac{5}{12}$ 時間の $\frac{9}{10}$ は何時間ですか。

$\frac{5}{12} \times \frac{9}{10} = \frac{3}{8}$

($\frac{3}{8}$ 時間)

③ $\frac{7}{18}$ ha の $\frac{6}{7}$ は何 ha ですか。

$\frac{7}{18} \times \frac{6}{7} = \frac{1}{3}$

($\frac{1}{3}$ ha)

●ヒント● 1 ② $1\frac{4}{5}$ は仮分数になおすと $\frac{9}{5}$ だから、$\frac{9}{5} \times \frac{2}{3}$ を計算します。

30

練習 27 割合を表す分数(2)

答え 16ページ

例題
★12 L は何 L の $\frac{2}{3}$ ですか。

解き方 12 L が□ L の $\frac{2}{3}$ とすると、

$□ \times \frac{2}{3} = 12$

これより、$□ = 12 \div \frac{2}{3}$

$= 18$

答え 18 L

解き方 もとにする量＝くらべる量÷割合 にあてはめて、

$12 \div \frac{2}{3} = 18$

答え 18 L

💡 もとにする量
＝くらべる量÷割合

1 □にあてはまる数をかきましょう。
① $\boxed{350}$ g の $\frac{3}{5}$ は 210 g です。

$210 \div \frac{3}{5} = 350$

② 35 km は、$\boxed{25}$ km の $\frac{7}{5}$ にあたります。

$35 \div \frac{7}{5} = 25$

③ $\boxed{108}$ m² をもとにすると、$\frac{7}{12}$ にあたる面積は 63 m² です。

$63 \div \frac{7}{12} = 108$

図にかいて考えてみよう！

2 次の問いに答えましょう。
① 15 人が組全体の $\frac{3}{5}$ にあたるとき、この組の人数は何人ですか。

$15 \div \frac{3}{5} = 25$

(25 人)

② $\frac{3}{4}$ L の油が 600 円のとき、この油 1L の値段は何円ですか。

$600 \div \frac{3}{4} = 800$

(800 円)

③ 土地全体の $\frac{2}{5}$ が 120 m² にあたるとき、この土地全体の面積は何 m² ですか。

$120 \div \frac{2}{5} = 300$

(300 m²)

●ヒント● 2 ① この組の人数を□人とすると、$□ \times \frac{3}{5} = 15$ になります。

31

---

30 ページ

1 くらべる量
＝もとにする量×割合

③ $\frac{5}{8}$ m がもとにする量、

$\frac{2}{5}$ が割合です。

2 ② $\frac{5}{12}$ 時間がもとにする量、

$\frac{9}{10}$ が割合なので、

$\frac{5}{12} \times \frac{9}{10}$ となります。

分母の 12 と分子の 9、分母の 10 と分子の 5 をそれぞれ約分してから計算します。

31 ページ

1 もとにする量
＝くらべる量÷割合
① 210 g がくらべる量、

$\frac{3}{5}$ が割合です。

$210 \div \frac{3}{5}$ なので、$\frac{3}{5}$ を逆数にしてかけ算にして計算します。

② 35 km がくらべる量、

$\frac{7}{5}$ が割合です。

2 ① 15 人がくらべる量、

$\frac{3}{5}$ が割合です。求めるのは人数なので、答えは必ず整数になります。

🏠 おうちのかたへ
文章の書き方が変わると何がもとにする量か、くらべる量か、わかりにくくなります。よく読んで考えさせましょう。

時間 **30**分

合格 **80**点 ／100

答え **17**ページ

❶ 次の計算をしましょう。
各3点(18点)

① $\frac{2}{9} \div \frac{7}{8} = \frac{2\times8}{9\times7} = \frac{16}{63}$

② $\frac{2}{5} \div \frac{5}{7} = \frac{2\times7}{5\times5} = \frac{14}{25}$

③ $4 \div \frac{3}{7} = \frac{4\times7}{1\times3} = \frac{28}{3}\left(9\frac{1}{3}\right)$

④ $8 \div \frac{5}{6} = \frac{8\times6}{1\times5} = \frac{48}{5}\left(9\frac{3}{5}\right)$

⑤ $\frac{2}{3} \div \frac{1}{5} \div \frac{3}{7} = \frac{2\times5\times7}{3\times1\times3} = \frac{70}{9}\left(7\frac{7}{9}\right)$

⑥ $\frac{4}{7} \div \frac{1}{3} \div \frac{5}{8} = \frac{4\times3\times8}{7\times1\times5} = \frac{96}{35}\left(2\frac{26}{35}\right)$

❷ 次の計算をしましょう。
各3点(18点)

① $\frac{2}{3} \div \frac{5}{6} = \frac{2\times6}{3\times5} = \frac{4}{5}$

② $\frac{8}{21} \div \frac{2}{9} = \frac{8\times9}{21\times2} = \frac{12}{7}\left(1\frac{5}{7}\right)$

③ $10 \div \frac{5}{7} = \frac{10\times7}{1\times5} = 14$

④ $3 \div \frac{9}{10} = \frac{3\times10}{1\times9} = \frac{10}{3}\left(3\frac{1}{3}\right)$

⑤ $\frac{3}{4} \div \frac{3}{8} \div \frac{4}{9} = \frac{3\times8\times9}{4\times3\times4} = \frac{9}{2}\left(4\frac{1}{2}\right)$

⑥ $6 \div \frac{2}{3} \div \frac{3}{5} = \frac{6\times3\times5}{1\times2\times3} = 15$

❸ 次の計算をしましょう。
各4点(16点)

① $1\frac{2}{3} \div \frac{3}{8} = \frac{5\times8}{3\times3} = \frac{40}{9}\left(4\frac{4}{9}\right)$

② $2\frac{1}{3} \div 1\frac{5}{6} = \frac{7\times6}{3\times11} = \frac{14}{11}\left(1\frac{3}{11}\right)$

③ $2\frac{2}{3} \div \frac{4}{9} = \frac{8\times9}{3\times4} = 6$

④ $2\frac{4}{5} \div 1\frac{2}{5} = \frac{14\times5}{5\times7} = 2$

❹ 次の計算をしましょう。
各4点(24点)

① $\frac{3}{5} \times \frac{2}{3} \div \frac{4}{5} = \frac{3\times2\times5}{5\times3\times4} = \frac{1}{2}$

② $\frac{3}{8} \div \frac{5}{6} \times \frac{4}{9} = \frac{3\times6\times4}{8\times5\times9} = \frac{1}{5}$

③ $2\frac{2}{7} \div \frac{8}{9} \times \frac{7}{15} = \frac{16\times9\times7}{7\times8\times15}$
$= \frac{6}{5}\left(1\frac{1}{5}\right)$

④ $2\frac{4}{5} \div 1\frac{3}{7} \div \frac{7}{15} = \frac{14\times7\times15}{5\times10\times7}$
$= \frac{21}{5}\left(4\frac{1}{5}\right)$

⑤ $3\frac{3}{4} \times 4\frac{2}{5} \div \frac{11}{12} = \frac{15\times22\times12}{4\times5\times11}$
$= 18$

⑥ $3\frac{1}{4} \div 2\frac{3}{5} \div 1\frac{5}{6} = \frac{13\times5\times6}{4\times13\times11} = \frac{15}{22}$

❺ 次の計算をしましょう。
各4点(16点)

① $\frac{1}{3} \div \frac{1}{9} \div 0.3 = \frac{1\times9\times10}{3\times1\times3} = 10$

② $2.4 \times 0.5 \div 1.2 = \frac{24\times5\times10}{10\times10\times12} = 1$

できたらスゴイ!

③ $1.6 \times 1.8 \div \frac{4}{5} = \frac{16\times18\times5}{10\times10\times4}$
$= \frac{18}{5}\left(3\frac{3}{5}\right)$

④ $\frac{4}{9} \div 2.5 \times 1\frac{1}{8} = \frac{4\times10\times9}{9\times25\times8} = \frac{1}{5}$

❻ 次の問いに答えましょう。
各4点(8点)

① 10人が組全体の $\frac{2}{7}$ にあたるとき、この組全体の人数は何人ですか。

$10 \div \frac{2}{7} = 35$

(35 人)

② $\frac{3}{5}$ mのリボンが240円のとき、このリボン1mの値段（ねだん）は何円ですか。

$240 \div \frac{3}{5} = 400$

(400 円)

32ページ

❶ 分数÷分数の計算では、わる数を逆数にしてかけます。

③4を $\frac{4}{1}$ になおして、$\frac{3}{7}$ は逆数にしてかけます。

⑤ $\frac{1}{5}$ と $\frac{3}{7}$ がわる数なので、どちらも逆数にしてかけます。

❷ 計算のとちゅうで約分できるときは、約分してから計算します。

❸ 帯分数がはいった計算では、帯分数を仮分数になおして計算します。

33ページ

❹ ③ $2\frac{2}{7}$ を仮分数になおして $\frac{16}{7}$、$\frac{8}{9}$ は逆数にしてかけます。

❺ 整数、小数は分数に、わり算はかけ算になおして計算します。

❻ もとにする量
＝くらべる量÷割合（わりあい）

🏠 おうちのかたへ

分数の、いろいろなわり算の計算を練習して、計算の仕方を身につけさせましょう。

17

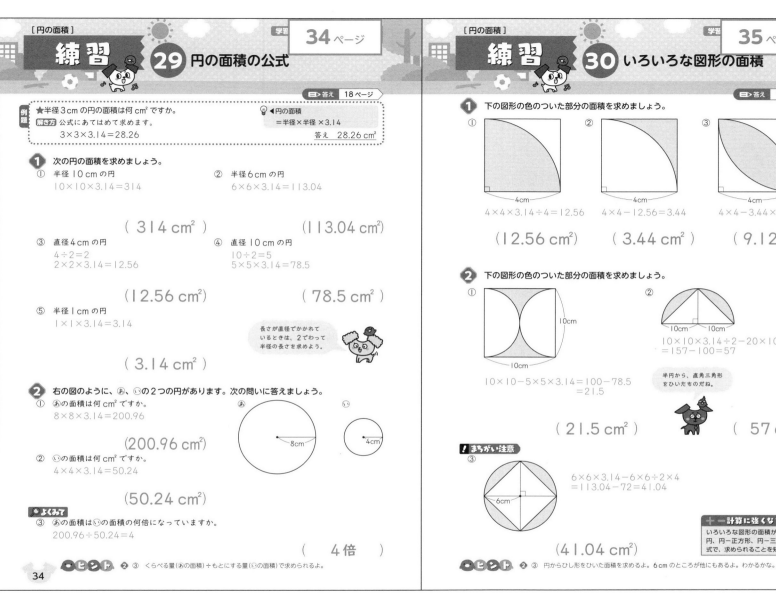

練習 **29** 円の面積の公式

答え 18 ページ

例題　★半径 3cm の円の面積は何 cm² ですか。
解き方　公式にあてはめて求めます。
3×3×3.14＝28.26

◀円の面積
＝半径×半径×3.14
答え　28.26 cm²

❶ 次の円の面積を求めましょう。
① 半径 10cm の円
10×10×3.14＝314

（ 314 cm² ）

② 半径 6cm の円
6×6×3.14＝113.04

（ 113.04 cm² ）

③ 直径 4cm の円
4÷2＝2
2×2×3.14＝12.56

（ 12.56 cm² ）

④ 直径 10cm の円
10÷2＝5
5×5×3.14＝78.5

（ 78.5 cm² ）

⑤ 半径 1cm の円
1×1×3.14＝3.14

（ 3.14 cm² ）

長さが直径でかかれているときは、2でわって半径の長さを求めよう。

❷ 右の図のように、あ、いの2つの円があります。次の問いに答えましょう。
① あの面積は何 cm² ですか。
8×8×3.14＝200.96

（ 200.96 cm² ）

あ 8cm
い 4cm

② いの面積は何 cm² ですか。
4×4×3.14＝50.24

（ 50.24 cm² ）

◉よくみて
③ あの面積はいの面積の何倍になっていますか。
200.96÷50.24＝4

（ 4倍 ）

●ヒント ❷ ③ くらべる量（あの面積）÷もとにする量（いの面積）で求められるよ。

練習 **30** いろいろな図形の面積

答え 18 ページ

❶ 下の図形の色のついた部分の面積を求めましょう。

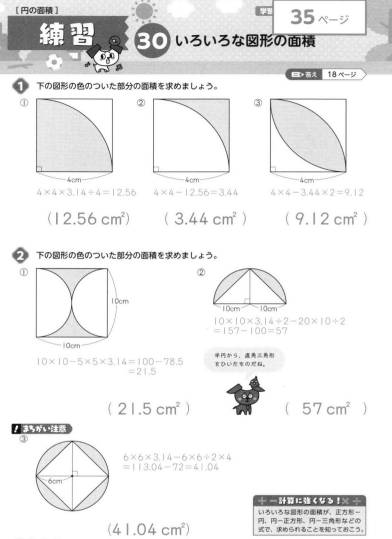

①
4cm
4×4×3.14÷4＝12.56

（ 12.56 cm² ）

②
4cm
4×4－12.56＝3.44

（ 3.44 cm² ）

③
4cm
4×4－3.44×2＝9.12

（ 9.12 cm² ）

❷ 下の図形の色のついた部分の面積を求めましょう。

①
10cm
10cm
10×10－5×5×3.14＝100－78.5
＝21.5

（ 21.5 cm² ）

②
10cm 10cm
10×10×3.14÷2－20×10÷2
＝157－100＝57

半円から、直角三角形をひいたものだね。

（ 57 cm² ）

!まちがい注意
③
6cm
6×6×3.14－6×6÷2×4
＝113.04－72＝41.04

（ 41.04 cm² ）

＋－計算に強くなる！×÷
いろいろな図形の面積が、正方形－円、円－正方形、円－三角形などの式で、求められることを知っておこう。

●ヒント ❷ ③ 円からひし形をひいた面積を求めるよ。6cm のところが他にもあるよ。わかるかな。

---

34 ページ
❶ 円の面積
＝半径×半径×3.14
③半径＝直径÷2 で半径を求めてから、面積を求めます。
❷ 半径が2倍になると面積は4倍になることを覚えておきましょう。

35 ページ
❶ ①半径が4cmの円の $\frac{1}{4}$ こ分です。
②正方形の面積－①で求めた面積
③正方形の面積－②で求めた面積の2つ分
❷ ①色のついていない部分は合わせると円になります。
正方形の面積－円の面積
②半円の面積－三角形の面積
③円の面積－ひし形の面積

⌂おうちのかたへ
円の面積の公式を正しく覚えることが大切です。声に出して覚えましょう。

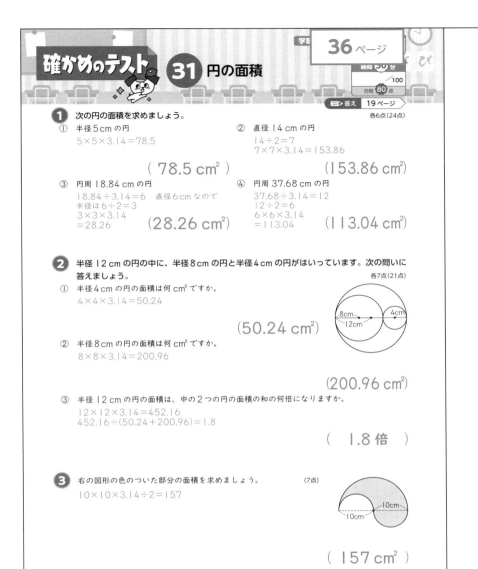

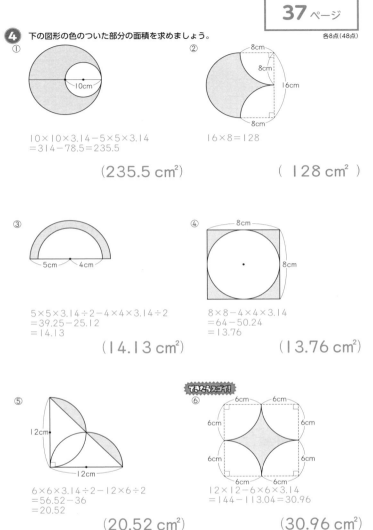

確かめのテスト **31** 円の面積

答え 19ページ

各6点(24点)

1 次の円の面積を求めましょう。

① 半径 5cm の円
5×5×3.14＝78.5

(78.5 cm²)

② 直径 14cm の円
14÷2＝7
7×7×3.14＝153.86

(153.86 cm²)

③ 円周 18.84cm の円
18.84÷3.14＝6　直径6cmなので
半径は 6÷2＝3
3×3×3.14
＝28.26

(28.26 cm²)

④ 円周 37.68cm の円
37.68÷3.14＝12
12÷2＝6
6×6×3.14
＝113.04

(113.04 cm²)

2 半径 12cm の円の中に、半径 8cm の円と半径 4cm の円がはいっています。次の問いに答えましょう。

各7点(21点)

① 半径 4cm の円の面積は何 cm² ですか。
4×4×3.14＝50.24

(50.24 cm²)

② 半径 8cm の円の面積は何 cm² ですか。
8×8×3.14＝200.96

(200.96 cm²)

③ 半径 12cm の円の面積は、中の 2 つの円の面積の和の何倍になりますか。
12×12×3.14＝452.16
452.16÷(50.24+200.96)＝1.8

(1.8 倍)

3 右の図形の色のついた部分の面積を求めましょう。　(7点)
10×10×3.14÷2＝157

(157 cm²)

4 下の図形の色のついた部分の面積を求めましょう。

各8点(48点)

①
10×10×3.14－5×5×3.14
＝314－78.5＝235.5

(235.5 cm²)

②
16×8＝128

(128 cm²)

③
5×5×3.14÷2－4×4×3.14÷2
＝39.25－25.12
＝14.13

(14.13 cm²)

④
8×8－4×4×3.14
＝64－50.24
＝13.76

(13.76 cm²)

⑤
6×6×3.14÷2－12×6÷2
＝56.52－36
＝20.52

(20.52 cm²)

⑥ できたらスゴイ!
12×12－6×6×3.14
＝144－113.04＝30.96

(30.96 cm²)

36 ページ

1 円の面積
＝半径×半径×3.14
②半径＝直径÷2
③円周＝直径×3.14 なので、直径＝円周÷3.14 で求めます。

2 ③割合＝くらべる量
÷もとにする量

3 下につき出た直径 10cm の半円を、へこんだ部分に移動すると、半径 10cm の半円になります。

37 ページ

4 ②色のついた部分を、半円とそれ以外に分けて、半円の部分をさらに 2 つに分けて点線で囲まれた部分に移動すると、縦 16cm、横 8cm の長方形になります。

⑤色のついた 2 つの部分のうち、1 つを移動すると、直径 12cm の半円から底辺 12cm、高さ 6cm の三角形を除いた図形になります。

⑥1 辺 12cm の正方形から、半径 6cm の円をひいた形です。

おうちのかたへ
図形を切り分けたり移動したりして、面積を求められる形に変えることがポイントです。

32 計算の復習テスト①

時間 20分
／100
合格 80点

本文　2〜37 ページ　　答え　20 ページ

1 次の計算をしましょう。
各2点(8点)

① $\dfrac{3}{7} \times \dfrac{2}{5} = \dfrac{3 \times 2}{7 \times 5} = \dfrac{6}{35}$

② $\dfrac{5}{6} \times \dfrac{5}{9} = \dfrac{5 \times 5}{6 \times 9} = \dfrac{25}{54}$

③ $\dfrac{1}{3} \times \dfrac{4}{5} \times \dfrac{7}{9} = \dfrac{1 \times 4 \times 7}{3 \times 5 \times 9} = \dfrac{28}{135}$

④ $8 \times \dfrac{4}{9} \times \dfrac{2}{5} = \dfrac{8 \times 4 \times 2}{1 \times 9 \times 5} = \dfrac{64}{45}\left(1\dfrac{19}{45}\right)$

2 次の計算をしましょう。
各3点(12点)

① $\dfrac{5}{8} \times \dfrac{4}{9} = \dfrac{5 \times 4}{8 \times 9} = \dfrac{5}{18}$

② $\dfrac{5}{12} \times \dfrac{9}{10} = \dfrac{5 \times 9}{12 \times 10} = \dfrac{3}{8}$

③ $\dfrac{3}{4} \times \dfrac{5}{9} \times \dfrac{8}{5} = \dfrac{3 \times 5 \times 8}{4 \times 9 \times 5} = \dfrac{2}{3}$

④ $\dfrac{4}{21} \times 7 \times \dfrac{3}{8} = \dfrac{4 \times 7 \times 3}{21 \times 1 \times 8} = \dfrac{1}{2}$

3 次の計算をしましょう。
各3点(12点)

① $1\dfrac{1}{6} \times 2\dfrac{1}{5} = \dfrac{7 \times 11}{6 \times 5} = \dfrac{77}{30}\left(2\dfrac{17}{30}\right)$

② $2\dfrac{3}{7} \times 1\dfrac{1}{4} = \dfrac{17 \times 5}{7 \times 4} = \dfrac{85}{28}\left(3\dfrac{1}{28}\right)$

③ $1\dfrac{4}{5} \times 1\dfrac{1}{9} = \dfrac{9 \times 10}{5 \times 9} = 2$

④ $2\dfrac{5}{8} \times 1\dfrac{5}{7} = \dfrac{21 \times 12}{8 \times 7} = \dfrac{9}{2}\left(4\dfrac{1}{2}\right)$

4 次の計算をしましょう。
各3点(12点)

① $\dfrac{2}{5} \div \dfrac{3}{7} = \dfrac{2 \times 7}{5 \times 3} = \dfrac{14}{15}$

② $\dfrac{5}{9} \div \dfrac{3}{4} = \dfrac{5 \times 4}{9 \times 3} = \dfrac{20}{27}$

③ $\dfrac{4}{3} \div \dfrac{3}{8} \div \dfrac{5}{7} = \dfrac{4 \times 8 \times 7}{3 \times 3 \times 5}$
$= \dfrac{224}{45}\left(4\dfrac{44}{45}\right)$

④ $\dfrac{2}{9} \div 7 \div \dfrac{3}{5} = \dfrac{2 \times 1 \times 5}{9 \times 7 \times 3} = \dfrac{10}{189}$

5 次の計算をしましょう。
各3点(12点)

① $\dfrac{9}{20} \div \dfrac{5}{8} = \dfrac{9 \times 8}{20 \times 5} = \dfrac{18}{25}$

② $\dfrac{8}{3} \div \dfrac{14}{9} = \dfrac{8 \times 9}{3 \times 14} = \dfrac{12}{7}\left(1\dfrac{5}{7}\right)$

③ $\dfrac{9}{8} \div \dfrac{6}{7} \div \dfrac{21}{4} = \dfrac{9 \times 7 \times 4}{8 \times 6 \times 21} = \dfrac{1}{4}$

④ $\dfrac{10}{9} \div 5 \div \dfrac{7}{6} = \dfrac{10 \times 1 \times 6}{9 \times 5 \times 7} = \dfrac{4}{21}$

6 次の計算をしましょう。
各3点(12点)

① $2\dfrac{1}{5} \div 1\dfrac{4}{7} = \dfrac{11 \times 7}{5 \times 11} = \dfrac{7}{5}\left(1\dfrac{2}{5}\right)$

② $4\dfrac{1}{3} \div 1\dfrac{4}{9} = \dfrac{13 \times 9}{3 \times 13} = 3$

③ $1\dfrac{3}{7} \div 2\dfrac{4}{5} = \dfrac{10 \times 5}{7 \times 14} = \dfrac{25}{49}$

④ $2\dfrac{5}{8} \div 1\dfrac{3}{4} = \dfrac{21 \times 4}{8 \times 7} = \dfrac{3}{2}\left(1\dfrac{1}{2}\right)$

7 次の計算をしましょう。
各4点(24点)

① $\dfrac{3}{8} \times \dfrac{4}{7} \div \dfrac{3}{7} = \dfrac{3 \times 4 \times 7}{8 \times 7 \times 3} = \dfrac{1}{2}$

② $\dfrac{5}{6} \div \dfrac{3}{8} \times \dfrac{9}{20} = \dfrac{5 \times 8 \times 9}{6 \times 3 \times 20} = 1$

③ $0.4 \div 2.8 \times 2.1 = \dfrac{4 \times 10 \times 21}{10 \times 28 \times 10} = \dfrac{3}{10}$

④ $1.6 \div 1.2 \times 2.5 = \dfrac{16 \times 10 \times 25}{10 \times 12 \times 10}$
$= \dfrac{10}{3}\left(3\dfrac{1}{3}\right)$

⑤ $0.8 \div 1\dfrac{3}{5} \times \dfrac{6}{7} = \dfrac{8 \times 5 \times 6}{10 \times 8 \times 7} = \dfrac{3}{7}$

⑥ $1\dfrac{3}{7} \times 0.6 \div 1\dfrac{5}{7} = \dfrac{10 \times 6 \times 7}{7 \times 10 \times 12} = \dfrac{1}{2}$

8 下の図の色のついた部分の面積を求めましょう。
各4点(8点)

①
10cm　5cm

$10 \times 10 \times 3.14$
$-5 \times 5 \times 3.14$
$= 314 - 78.5$
$= 235.5$

$(235.5\ \mathrm{cm}^2)$

②
6cm　4cm

$10 \times 10 \times 3.14 \div 2$
$= 157$
$6 \times 6 \times 3.14 \div 2$
$= 56.52$
$4 \times 4 \times 3.14 \div 2 = 25.12$
$157 - (56.52 + 25.12) = 75.36$

$(75.36\ \mathrm{cm}^2)$

---

38 ページ

1 分数×分数の計算では、分母どうし、分子どうしをかけ算します。

2 計算のとちゅうで約分できるときは、約分してから計算すると簡単です。

3 帯分数×帯分数の計算では、帯分数を仮分数になおして計算します。

4 分数÷分数の計算では、わる数を逆数にしてかけます。

39 ページ

5 ③わる数の $\dfrac{6}{7}$、$\dfrac{21}{4}$ のどちらも逆数にしてかけます。

6 帯分数を仮分数になおして計算します。

7 小数は分数に、わり算はかけ算になおして、かけ算だけの式にして計算します。

8 ②一番大きい半円の直径は、$6 \times 2 + 4 \times 2 = 20$ より、20 cm なので、半径は、$20 \div 2 = 10$ より、10 cm です。

おうちのかたへ
かけ算とわり算の計算のしかたの違いを理解して、身につけさせましょう。

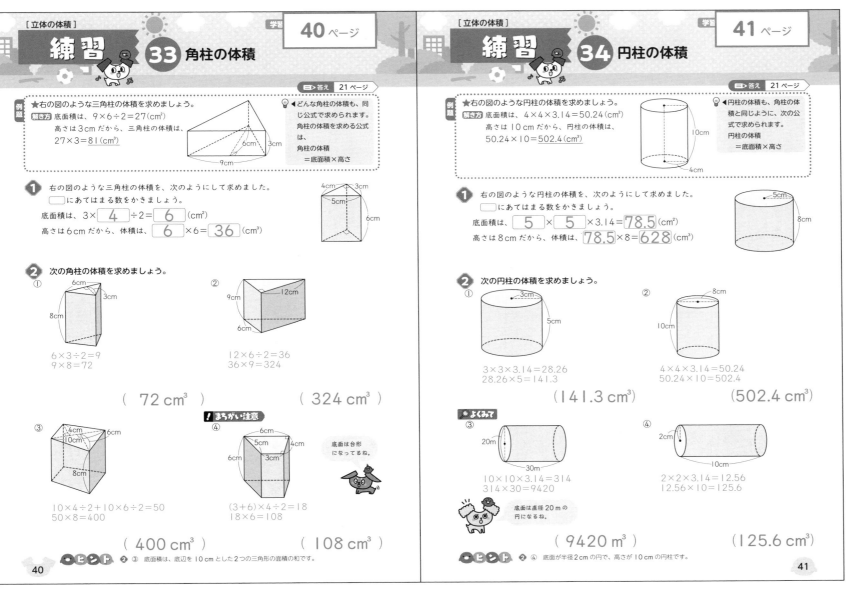

例題 ★右の図のような三角柱の体積を求めましょう。

解き方 底面積は、9×6÷2＝27（cm²）
高さは3cmだから、三角柱の体積は、
27×3＝81（cm³）

◀どんな角柱の体積も、同じ公式で求められます。
角柱の体積を求める公式は、
角柱の体積
＝底面積×高さ

1 右の図のような三角柱の体積を、次のようにして求めました。
□ にあてはまる数をかきましょう。
底面積は、3× 4 ÷2＝ 6 （cm²）
高さは6cmだから、体積は、 6 ×6＝ 36 （cm³）

2 次の角柱の体積を求めましょう。

① 6×3÷2＝9
9×8＝72
（ 72 cm³ ）

② 12×6÷2＝36
36×9＝324
（ 324 cm³ ）

！まちがい注意

③ 10×4÷2＋10×6÷2＝50
50×8＝400
（ 400 cm³ ）

④ (3＋6)×4÷2＝18
18×6＝108
（ 108 cm³ ）

底面は台形になってるね。

答え 21 ページ

例題 ★右の図のような円柱の体積を求めましょう。

解き方 底面積は、4×4×3.14＝50.24（cm²）
高さは10cmだから、円柱の体積は、
50.24×10＝502.4（cm³）

◀円柱の体積も、角柱の体積と同じように、次の公式で求められます。
円柱の体積
＝底面積×高さ

1 右の図のような円柱の体積を、次のようにして求めました。
□ にあてはまる数をかきましょう。
底面積は、 5 × 5 ×3.14＝ 78.5 （cm²）
高さは8cmだから、体積は、 78.5 ×8＝ 628 （cm³）

2 次の円柱の体積を求めましょう。

① 3×3×3.14＝28.26
28.26×5＝141.3
（ 141.3 cm³ ）

② 4×4×3.14＝50.24
50.24×10＝502.4
（ 502.4 cm³ ）

よくみて

③ 10×10×3.14＝314
314×30＝9420
（ 9420 m³ ）

底面は直径20mの円になるね。

④ 2×2×3.14＝12.56
12.56×10＝125.6
（ 125.6 cm³ ）

ヒント 2 ③ 底面積は、底辺を10cmとした2つの三角形の面積の和です。

ヒント 2 ④ 底面が半径2cmの円で、高さが10cmの円柱です。

40ページ

1 角柱の体積
＝底面積×高さ
この立体は、底面が三角形になっているので、まず底面の三角形の面積を求めます。

2 ③底面は、底辺が10cmで高さが4cmの三角形と、底辺が10cmで高さが6cmの三角形を2つ合わせた四角形です。
④底面は、上底が3cm、下底が6cm、高さが4cmの台形です。

41ページ

1 円柱の体積
＝底面積×高さ

2 ②底面の円の半径は、8÷2＝4より、4cmです。
③底面の円の半径は、20÷2＝10より、10mです。
単位に注意しましょう。

おうちのかたへ
立体の体積の公式を正しく覚えることが大切です。

確かめのテスト　35　立体の体積

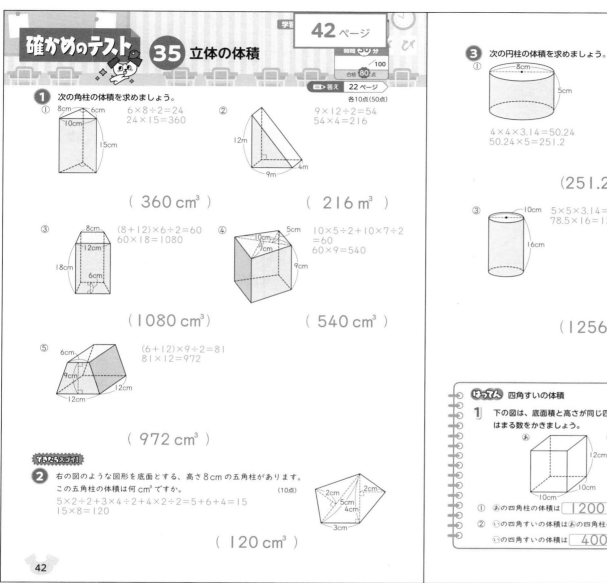

❶ 次の角柱の体積を求めましょう。　各10点(50点)

① 8cm 6cm 10cm 15cm
6×8÷2=24
24×15=360
(360 cm³)

② 12m 9m 4m
9×12÷2=54
54×4=216
(216 m³)

③ 8cm 12cm 18cm 6cm
(8+12)×6÷2=60
60×18=1080
(1080 cm³)

④ 10cm 7cm 5cm 9cm
10×5÷2+10×7÷2
=60
60×9=540
(540 cm³)

⑤ 6cm 9cm 12cm 12cm
(6+12)×9÷2=81
81×12=972
(972 cm³)

てきたらスゴイ!

❷ 右の図のような図形を底面とする、高さ8cmの五角柱があります。
この五角柱の体積は何cm³ですか。　　(10点)
5×2÷2+3×4÷2+4×2÷2=5+6+4=15
15×8=120

2cm 2cm 5cm 4cm 3cm

(120 cm³)

各10点(40点)

❸ 次の円柱の体積を求めましょう。

① 8cm 5cm
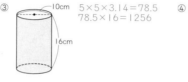
4×4×3.14=50.24
50.24×5=251.2
(251.2 cm³)

② 12cm 15cm
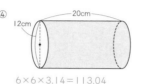
6×6×3.14=113.04
113.04×15=1695.6
(1695.6 cm³)

③ 10cm 16cm
5×5×3.14=78.5
78.5×16=1256
(1256 cm³)

④ 12cm 20cm
6×6×3.14=113.04
113.04×20=2260.8
(2260.8 cm³)

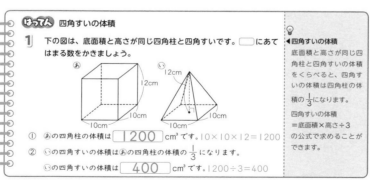

はってん　四角すいの体積

1 下の図は、底面積と高さが同じ四角柱と四角すいです。□にあてはまる数をかきましょう。

あ 12cm 10cm 10cm
い 12cm 10cm 10cm

① あの四角柱の体積は 1200 cm³ です。10×10×12=1200

② いの四角すいの体積はあの四角柱の体積の 1/3 になります。
いの四角すいの体積は 400 cm³ です。1200÷3=400

◀四角すいの体積
底面積と高さが同じ四角柱と四角すいの体積をくらべると、四角すいの体積は四角柱の体積の 1/3 になります。
四角すいの体積
＝底面積×高さ÷3
の公式で求めることができます。

---

42 ページ

❶ ②底面は、底辺9m、高さ12mの三角形で、高さが4mの三角柱です。
⑤底面は、上底6cm、下底12cm、高さ9cmの台形です。

❷ 底面は、底辺が5cmで高さが2cmの三角形と、底辺が3cmで高さが4cmの三角形と、底辺が4cmで高さが2cmの三角形の、3つの三角形を組み合わせた五角形です。

43 ページ

❸ ④底面は、半径が、12÷2=6より、6cmの円、高さが20cmの円柱です。

はってん

四角すいの体積
＝底面積×高さ÷3
底面積と高さが同じ四角柱と四角すいの体積をくらべると、四角柱の体積は、四角すいの体積の3倍になります。

🏠おうちのかたへ
立体の向きが変わっても、どこが底面となるかを図形をよく見て考えさせましょう。

練習 36 比の表し方と比の値

答え 23ページ

例題
★縦2m、横3m、高さ5mの直方体があります。
① この直方体の縦の長さと横の長さの比をかきましょう。
② この直方体の縦の長さと高さの比をかきましょう。
③ この直方体の横の長さは高さの何倍になっていますか。

💡 2と3の割合を「：」の記号を使って、2：3と表すことがあります。このように表された割合を比といいます。

◀くらべる量がもとにする量の何倍になっているかを表すのが比の値です。

解き方　① 縦の長さと横の長さの比は、2：3
　　　　② 縦の長さと高さの比は、2：5
　　　　③ 横の長さは高さの、$3÷5=\frac{3}{5}$（倍）…比の値

❶ 次の比をかきましょう。
① 20Lと15Lの比
（ 20：15 ）
② 100円と500円の比
（100：500）
③ 3kgと2.4kgの比
（ 3：2.4 ）
④ $\frac{4}{5}$Lと$\frac{2}{3}$Lの比
（ $\frac{4}{5}$：$\frac{2}{3}$ ）

❷ 次の比の値を求めましょう。
① 10：35
$\frac{10}{35}=\frac{2}{7}$
（ $\frac{2}{7}$ ）
② 0.8：2
$0.8÷2=\frac{2}{5}$
（ $\frac{2}{5}$ ）

よくみて

③ 8：0.6
$8÷0.6=\frac{40}{3}$
（ $\frac{40}{3}$（$13\frac{1}{3}$）
④ $\frac{1}{3}$：$\frac{3}{4}$
$\frac{1}{3}÷\frac{3}{4}=\frac{1}{3}×\frac{4}{3}=\frac{4}{9}$
（ $\frac{4}{9}$ ）

❸ 右の直方体について、次の問いに答えましょう。
① 縦と横の長さの比をかきましょう。
（ 80：120 ）
② 縦の長さと高さの比をかきましょう。
（ 80：75 ）
③ 横の長さと高さの比をかきましょう。
（ 120：75 ）

75cm
80cm
120cm

2：5は
2対5と
よむのね。

ヒント ❷④ $\frac{1}{3}÷\frac{3}{4}=\frac{1}{3}×\frac{4}{3}$を計算します。

44

練習 37 等しい比

答え 23ページ

例題
★次の比と等しい比を、下の⑦〜⑦から選びましょう。
① 40：60
② 15：25

⑦ 4：6　⑦ 5：4　⑦ 30：50

💡 □：△の両方の数に同じ数をかけたり、両方の数を同じ数でわったりしてできる比はみんな□：△に等しくなります。

解き方　① 40：60の両方の数を10でわって、4：6…⑦
　　　　② 15：25の両方の数に2をかけて、30：50…⑦

❶ 次の比と等しい比を、下の　　　　から選んで、「＝」を使って、式にかきましょう。
① 30：20
（30：20＝6：4）
② 18：27
（18：27＝6：9）
③ 0.4：0.9
（0.4：0.9＝4：9）
④ $\frac{4}{5}$：$\frac{3}{4}$
（ $\frac{4}{5}$：$\frac{3}{4}$＝16：15）

4：9　6：9　6：4　16：15

❷ 次のxにあてはまる数を求めましょう。
① 3：7＝x：35
×5
（ 15 ）
② 24：18＝4：x
（ 3 ）

まちがい注意

③ 0.5：1.5＝2：x
×4
（ 6 ）
④ $\frac{2}{3}$：$\frac{3}{5}$＝10：x
（ 9 ）

❸ 次の比と等しい比を、3つつくりましょう。
① 4：3
（例）
（8：6）（12：9）（16：12）
② 5：7
（10：14）（15：21）（20：28）

ヒント ❷④ $\frac{2}{3}×15=10$だから、$x=\frac{3}{5}×15$で求められます。

45

44ページ

❶ 小数でも分数でも、比の形に表すことができます。

❷ $a：b$で表される比の値は、$a÷b$で求められます。

❸ 「AとBの比」をかくときは、Aの数量を『：』の前に、Bの数量を『：』の後にかきます。

45ページ

❶ ①30：20＝3：2の関係になっているものを選びます。
④ $\frac{4}{5}$：$\frac{3}{4}$ の両方の数に20をかけて、16：15

❷ ②24：18の両方の数を6でわって、4：3
④ $\frac{2}{3}$：$\frac{3}{5}$ の両方の数に15をかけて、10：9

❸ 両方の数を2倍、3倍、…します。

おうちのかたへ
比の表し方や比の値は、長さや量の違いを、比から求める学習の基礎となります。

答え 24 ページ

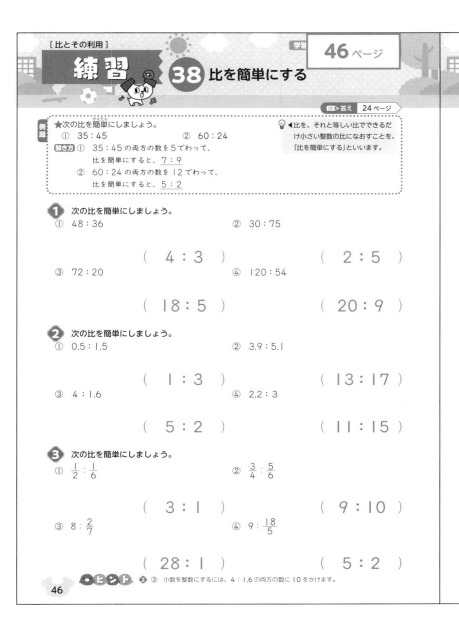

例題 ★次の比を簡単にしましょう。
① 35：45　　　　② 60：24

💡◀ 比を、それと等しい比でできるだけ小さい整数の比になおすことを、「比を簡単にする」といいます。

解き方 ① 35：45 の両方の数を 5 でわって、
比を簡単にすると、7：9
② 60：24 の両方の数を 12 でわって、
比を簡単にすると、5：2

1 次の比を簡単にしましょう。
① 48：36　　　　② 30：75

（ 4：3 ）　　　　（ 2：5 ）

③ 72：20　　　　④ 120：54

（ 18：5 ）　　　　（ 20：9 ）

2 次の比を簡単にしましょう。
① 0.5：1.5　　　　② 3.9：5.1

（ 1：3 ）　　　　（ 13：17 ）

③ 4：1.6　　　　④ 2.2：3

（ 5：2 ）　　　　（ 11：15 ）

3 次の比を簡単にしましょう。
① $\frac{1}{2}$：$\frac{1}{6}$　　　　② $\frac{3}{4}$：$\frac{5}{6}$

（ 3：1 ）　　　　（ 9：10 ）

③ 8：$\frac{2}{7}$　　　　④ 9：$\frac{18}{5}$

（ 28：1 ）　　　　（ 5：2 ）

ヒント **2** ③ 小数を整数にするには、4：1.6 の両方の数に 10 をかけます。

46

答え 24 ページ

例題 ★コーヒー牛乳を作るのに、コーヒーと牛乳を 7：3 の割合で混ぜました。次の問いに答えましょう。
① コーヒーを 70 mL 入れたとき、牛乳は何 mL 入れましたか。
② コーヒー牛乳を 200 mL 作りました。コーヒーは何 mL 入れましたか。

💡◀ 等しい比や比の値を使って考えます。

解き方 ① 牛乳の量を x mL として、等しい比をつくります。

$$7：3 = 70：x \qquad x = 3 \times 10 = 30$$

答え 30 mL

② コーヒーの量を x mL として、コーヒー牛乳全体の量の何倍になるかを考えます。

コーヒー　　　牛乳
7　：　3
↓
コーヒー　コーヒー牛乳
7　：　10

7　：　10
x mL：200 mL

$x = 200 \times \frac{7}{10}$
$= 140$

答え 140 mL

1 次の問いに答えましょう。
① 縦と横の長さの比が 5：2 となるように長方形をつくります。横の長さが 24 cm のとき、縦の長さは何 cm ですか。
縦の長さを x cm とすると
$5：2 = x：24$
$x = 5 \times 12 = 60$

（ 60 cm ）

② ゆづきさんは、150 cm のリボンを長さの比が 2：3 になるように切り分けました。長い方のリボンは何 cm ですか。
$150 \times \frac{3}{2+3} = 150 \times \frac{3}{5} = 90$

（ 90 cm ）

③ れんさんは、252 ページある本を読んでいます。読んだページと残っているページの割合は 7：5 です。残っているページは何ページありますか。
$252 \times \frac{5}{7+5} = 252 \times \frac{5}{12} = 105$

（ 105 ページ ）

④ まみさんと妹は、ブレスレットをつくるため、あわせて 350 個のビーズを持っています。まみさんと妹の持っているビーズの個数の割合は、16：9 です。妹は何個のビーズを持っていますか。
$350 \times \frac{9}{16+9} = 350 \times \frac{9}{25} = 126$

（ 126 個 ）

ヒント **1** ② 長さの比が 2：3 なので、全体は 5 だね。長い方のリボンは、全体の何倍になるかを考えましょう。

47

---

1 両方の数を、同じ数でわってできるだけ小さい整数の比にします。
①両方の数を 12 でわります。
③両方の数を 4 でわります。

2 ①両方の数に 10 をかけて 5：15、5 でわって 1：3
③両方の数に 10 をかけて 40：16、8 でわって 5：2

3 ②両方の数に 12 をかけます。
③両方の数に 7 をかけて 56：2、2 でわって 28：1

1 ①2 は 12 をかけると 24 になるので、5 に 12 をかけたものが縦の長さになります。
②2＋3＝5 なので、長い方のリボンは、全体を 5 としたときの 3 にあたります。

🏠 おうちのかたへ
計算のしかたを暗記するのではなく、比が表すものを考えながら問題を解くと、理解が深まります。

24

確かめのテスト 40 比とその利用

答え 25ページ

1 次の比をかきましょう。
各3点(12点)

① 12mと5mの比

② 81点と100点の比

(12:5)　　(81:100)

③ 48m³と37m³の比

④ 21kgと71kgの比

(48:37)　　(21:71)

2 次の比の値を求めましょう。
各3点(18点)

① 2:7

($\frac{2}{7}$)

② 12:18　$\frac{12}{18}=\frac{2}{3}$

($\frac{2}{3}$)

③ 0.6:2　$0.6÷2=\frac{3}{10}$

($\frac{3}{10}$)

④ 1.5:4　$1.5÷4=\frac{3}{8}$

($\frac{3}{8}$)

⑤ $\frac{2}{3}:\frac{4}{5}$　$\frac{2}{3}÷\frac{4}{5}=\frac{5}{6}$

($\frac{5}{6}$)

⑥ $\frac{5}{8}:\frac{3}{4}$　$\frac{5}{8}÷\frac{3}{4}=\frac{5}{6}$

($\frac{5}{6}$)

3 次の比と等しい比を、下の□□から選んで、「=」を使って、式にかきましょう。
各3点(12点)

① 24:42

② 5:7

(24:42=4:7)　　(5:7=25:35)

できたらスゴイ!

③ $0.9:\frac{5}{6}$

④ $\frac{2}{9}:\frac{2}{5}$

($0.9:\frac{5}{6}=27:25$)　　($\frac{2}{9}:\frac{2}{5}=5:9$)

┌─────────────────────┐
│ 25:35　27:25　4:7　5:9 │
└─────────────────────┘

---

4 次の x にあてはまる数を求めましょう。
各4点(24点)

① 5:6=x:36
$x=5×6=30$

(30)

② 49:28=7:x
$x=28×\frac{1}{7}=4$

(4)

③ 0.9:0.8=x:8
$x=0.9×10=9$

(9)

④ 0.2:1.2=1:x
$x=1.2×5=6$

(6)

⑤ $\frac{5}{6}:\frac{3}{4}=x:9$
$x=\frac{5}{6}×12=10$

(10)

⑥ $\frac{5}{7}:\frac{3}{5}=50:x$
$x=\frac{3}{5}×70=42$

(42)

5 次の比を簡単にしましょう。
各4点(24点)

① 24:18
$=(24÷6):(18÷6)=4:3$

(4:3)

② 20:28
$=(20÷4):(28÷4)=5:7$

(5:7)

③ 3:1.2
$=30:12=5:2$

(5:2)

④ 3.2:4.8
$=32:48=2:3$

(2:3)

⑤ $\frac{5}{8}:\frac{7}{8}$
$=(\frac{5}{8}×8):(\frac{7}{8}×8)=5:7$

(5:7)

⑥ $\frac{7}{9}:\frac{5}{6}$
$=(\frac{7}{9}×18):(\frac{5}{6}×18)=14:15$

(14:15)

できたらスゴイ!

6 底面の円の直径と高さの比が12:5となるように円柱をつくります。底面の円の直径が6cmのとき、高さは何cmになりますか。
(10点)

円柱の高さを x cmとすると
$12:5=6:x$
$x=5×\frac{1}{2}=\frac{5}{2}$

($\frac{5}{2}$ cm ($2\frac{1}{2}$ cm))

48ページ

1 2つの数量を『:』の記号を使って表します。

2 $a:b$ で表される比の値は、$a÷b$ で求められます。

3 ①両方の数を6でわると、4:7

③0.9を分数になおして、$\frac{9}{10}:\frac{5}{6}$、両方の数に30をかけて27:25

④両方の数に45をかけて10:18、2でわって5:9

49ページ

4 ④左側の比の両方の数に5をかけます。

⑤左側の比の両方の数に12をかけます。

⑥ $\frac{5}{7}:\frac{3}{5}=25:21$ $=50:42$

5 ①両方の数を6でわります。
②両方の数を4でわります。
⑤両方の数に8をかけます。

おうちのかたへ

比の左右のどちらか一方にだけ数をかけたり、わったりすると、比は変わってしまうことを理解・注意させましょう。

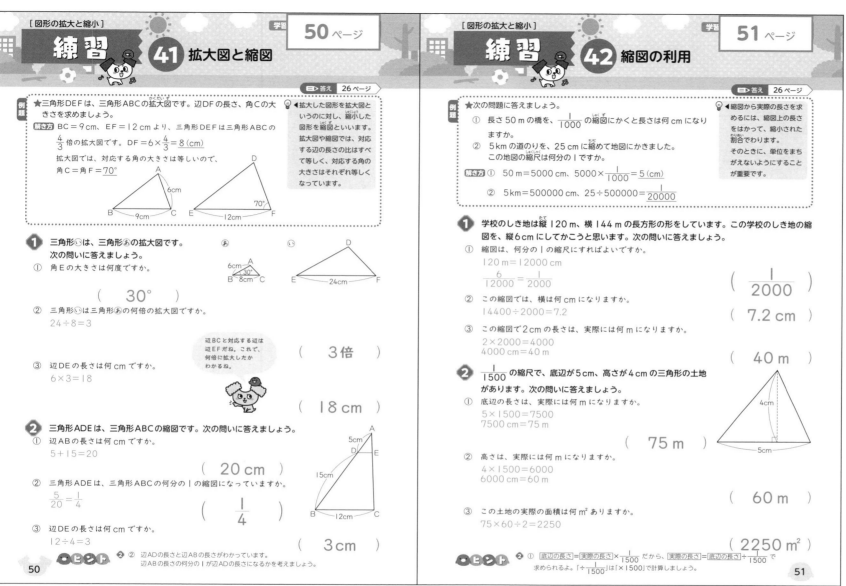

答え 26ページ

例題 ★三角形DEFは、三角形ABCの拡大図です。辺DFの長さ、角Cの大きさを求めましょう。

解き方 BC＝9cm、EF＝12cm より、三角形DEFは三角形ABCの $\frac{4}{3}$ 倍の拡大図です。DF＝6×$\frac{4}{3}$＝8（cm）

拡大図では、対応する角の大きさは等しいので、角C＝角F＝70°

▶拡大した図形を拡大図というのに対し、縮小した図形を縮図といいます。拡大図や縮図では、対応する辺の長さの比がすべて等しく、対応する角の大きさはそれぞれ等しくなっています。

❶ 三角形ⓘは、三角形ⓐの拡大図です。次の問いに答えましょう。
① 角Eの大きさは何度ですか。
（ 30° ）

② 三角形ⓘは三角形ⓐの何倍の拡大図ですか。
24÷8＝3
（ 3倍 ）

辺BCと対応する辺は辺EFだね。これで、何倍に拡大したかわかるね。

③ 辺DEの長さは何cmですか。
6×3＝18
（ 18cm ）

❷ 三角形ADEは、三角形ABCの縮図です。次の問いに答えましょう。
① 辺ABの長さは何cmですか。
5＋15＝20
（ 20cm ）

② 三角形ADEは、三角形ABCの何分の1の縮図になっていますか。
$\frac{5}{20}$＝$\frac{1}{4}$
（ $\frac{1}{4}$ ）

③ 辺DEの長さは何cmですか。
12÷4＝3
（ 3cm ）

ヒント ❷ ② 辺ADの長さと辺ABの長さがわかっています。辺ABの長さの何分の1が辺ADの長さになるかを考えましょう。

50

答え 26ページ

例題 ★次の問題に答えましょう。
① 長さ50mの橋を、$\frac{1}{1000}$ の縮図にかくと長さは何cmになりますか。
② 5kmの道のりを、25cmに縮めて地図にかきました。この地図の縮尺は何分の1ですか。

解き方 ① 50m＝5000cm、5000×$\frac{1}{1000}$＝5（cm）
② 5km＝500000cm、25÷500000＝$\frac{1}{20000}$

▶縮図から実際の長さを求めるには、縮図上の長さをはかって、縮小された割合でわります。そのときに、単位をまちがえないようにすることが重要です。

❶ 学校のしき地は縦120m、横144mの長方形の形をしています。この学校のしき地の縮図を、縦6cmにしてかこうと思います。次の問いに答えましょう。
① 縮図は、何分の1の縮尺にすればよいですか。
120m＝12000cm
$\frac{6}{12000}$＝$\frac{1}{2000}$
（ $\frac{1}{2000}$ ）

② この縮図では、横は何cmになりますか。
14400÷2000＝7.2
（ 7.2cm ）

③ この縮図で2cmの長さは、実際には何mになりますか。
2×2000＝4000
4000cm＝40m
（ 40m ）

❷ $\frac{1}{1500}$ の縮尺で、底辺が5cm、高さが4cmの三角形の土地があります。次の問いに答えましょう。
① 底辺の長さは、実際には何mになりますか。
5×1500＝7500
7500cm＝75m
（ 75m ）

② 高さは、実際には何mになりますか。
4×1500＝6000
6000cm＝60m
（ 60m ）

③ この土地の実際の面積は何m²ありますか。
75×60÷2＝2250
（ 2250m² ）

ヒント ❷ ① 底辺の長さ＝実際の長さ×$\frac{1}{1500}$ だから、実際の長さ＝底辺の長さ÷$\frac{1}{1500}$ で求められるよ。「÷$\frac{1}{1500}$」は「×1500」で計算しましょう。

51

50ページ

❶ ②BC＝8cmとEF＝24cmが対応しているので、24÷8＝3より、3倍の拡大図になっています。
③DEにはABが対応しているので、6cmを3倍した長さがDEの長さになります。

❷ ②AB＝20cmとAD＝5cmが対応しているので、5÷20＝$\frac{1}{4}$ より、$\frac{1}{4}$ の縮図になっています。
③DEにはBCが対応しているので、12cmを $\frac{1}{4}$ にした長さがDEの長さになります。

51ページ

❶ ①120mを6cmで表します。単位に注意しましょう。
②144mをcmになおしてから計算します。
③実際の長さの $\frac{1}{2000}$ の長さが2cmなので、2cmを2000倍します。単位はmで答えるので、単位をなおします。

おうちのかたへ
拡大図・縮図の関係にある図形では、対応する辺や角を正しく見て取ることが大切です。

確かめのテスト 43 図形の拡大と縮小

時間 30分　100
合格 80点
➡答え 27 ページ

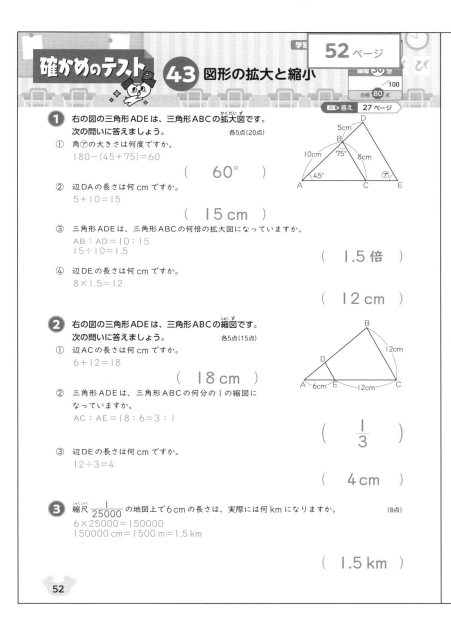

1 右の図の三角形ADEは、三角形ABCの拡大図です。次の問いに答えましょう。　各5点(20点)

① 角⑦の大きさは何度ですか。
180−(45+75)=60

（　60°　）

② 辺DAの長さは何cmですか。
5+10=15

（　15cm　）

③ 三角形ADEは、三角形ABCの何倍の拡大図になっていますか。
AB：AD=10：15
15÷10=1.5

（　1.5倍　）

④ 辺DEの長さは何cmですか。
8×1.5=12

（　12cm　）

2 右の図の三角形ADEは、三角形ABCの縮図です。次の問いに答えましょう。　各5点(15点)

① 辺ACの長さは何cmですか。
6+12=18

（　18cm　）

② 三角形ADEは、三角形ABCの何分の1の縮図になっていますか。
AC：AE=18：6=3：1

（　$\frac{1}{3}$　）

③ 辺DEの長さは何cmですか。
12÷3=4

（　4cm　）

3 縮尺 $\frac{1}{25000}$ の地図上で6cmの長さは、実際には何kmになりますか。　(8点)
6×25000=150000
150000cm=1500m=1.5km

（　1.5km　）

4 右の図のような四角形の土地があります。30mの長さのAHを12cmに縮めて縮図をかきました。次の問いに答えましょう。　各6点(18点)

① この縮図の縮尺は何分の1ですか。
30m=3000cm
$\frac{12}{3000}=\frac{1}{250}$

（　$\frac{1}{250}$　）

② 辺BCの実際の長さは45mです。縮図上の長さは何cmですか。
4500÷250=18

（　18cm　）

③ 縮図上の辺ADの長さは8cmです。実際の長さは何mですか。
8×250=2000
2000cm=20m

（　20m　）

5 地図をかくのに、5kmの長さを10cmに縮めてかきました。次の問いに答えましょう。　各6点(18点)

① この地図の縮尺は何分の1ですか。
5km=5000m=500000cm
$\frac{10}{500000}=\frac{1}{50000}$

（　$\frac{1}{50000}$　）

② この地図上で24cmの長さは、実際には何kmありますか。
24×50000=1200000
1200000cm=12000m=12km

（　12km　）

③ 実際に4kmある長さは、この地図上では何cmに表されますか。
4km=4000m=400000cm
400000÷50000=8

（　8cm　）

6 縦6m、横10mの長方形の形をした土地の縮図をかくとき、縦の長さを30cmにしました。次の問いに答えましょう。　各7点(21点)

① この縮図の縮尺は何分の1ですか。
6m=600cm
$\frac{30}{600}=\frac{1}{20}$

（　$\frac{1}{20}$　）

② 縮図上では、横の長さは何cmになりますか。
10m=1000cm
1000÷20=50

（　50cm　）

できたらスゴイ!
③ 縮図の面積は、実際の面積の何分のいくつですか。
縮図の面積は 30×50=1500(cm²)
実際の面積は 6×10=60(m²)
60m²=600000cm²
$\frac{1500}{600000}=\frac{1}{400}$

（　$\frac{1}{400}$　）

52ページ

1 ①頂点Dと頂点Bが対応しているので、頂点Dの角が75°になります。

2 ②対応している辺のうち、長さがわかっている辺に着目します。

③DEにはBCが対応しているので、12cmを $\frac{1}{3}$ にした長さがDEの長さになります。

3 実際の長さの $\frac{1}{25000}$ の長さが6cmなので、6cmを25000倍します。単位はkmで答えるので、単位をなおします。

53ページ

4 ①30mを12cmで表します。

②45mを $\frac{1}{250}$ にした長さを求めます。

③実際の長さの $\frac{1}{250}$ の長さが8cmなので、8cmを250倍します。

6 ③それぞれの面積を求めて、単位をそろえてから割合を求めます。

🏠おうちのかたへ
地図の縮尺など、単位が変わるときは注意が必要です。

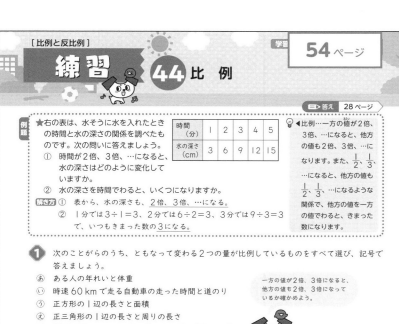

例題 ★右の表は、水そうに水を入れたときの時間と水の深さの関係を調べたものです。次の問いに答えましょう。
① 時間が2倍、3倍、…になると、水の深さはどのように変化していますか。
② 水の深さを時間でわると、いくつになりますか。

時間（分）	1	2	3	4	5
水の深さ（cm）	3	6	9	12	15

解き方 ① 表から、水の深さも、2倍、3倍、…になる。
② 1分では3÷1＝3、2分では6÷2＝3、3分では9÷3＝3で、いつもきまった数の3になる。

💡比例…一方の値が2倍、3倍、…になると、他方の値も2倍、3倍、…になります。また、$\frac{1}{2}$、$\frac{1}{3}$、…になると、他方の値も$\frac{1}{2}$、$\frac{1}{3}$、…になるような関係で、他方の値を一方の値でわると、きまった数になります。

❶ 次のことがらのうち、ともなって変わる2つの量が比例しているものをすべて選び、記号で答えましょう。
　あ ある人の年れいと体重
　い 時速60kmで走る自動車の走った時間と道のり
　う 正方形の1辺の長さと面積
　え 正三角形の1辺の長さと周りの長さ
　お 500円持っているとき、使ったお金と残りのお金

一方の値が2倍、3倍になると、他方の値も2倍、3倍になっているか確かめよう。

（　い、え　）

❷ 比例する関係では、xとyは、y＝きまった数×xの式で表されます。次の表にまとめた2つの数量x、yの関係が、比例の関係になっているものをすべて選び、記号で答えましょう。

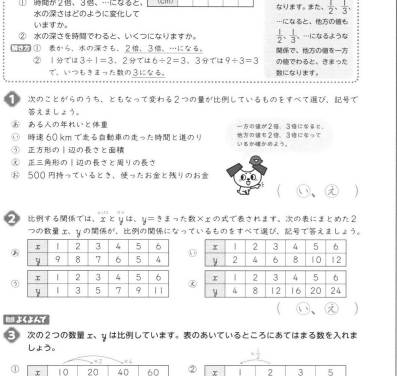

あ
x	1	2	3	4	5	6
y	9	8	7	6	5	4

い
x	1	2	3	4	5	6
y	2	4	6	8	10	12

う
x	1	2	3	4	5	6
y	1	3	5	7	9	11

え
x	1	2	3	4	5	6
y	4	8	12	16	20	24

（　い、え　）

📖よくよんで
❸ 次の2つの数量x、yは比例しています。表のあいているところにあてはまる数を入れましょう。

①
x	10	20	40	60
y	30	60	120	180

②
x	1	2	3	5
y	6	12	18	30

💬ヒント ❶ 道のり＝速さ×時間だね。時間をx、道のりをyとおきかえてみましょう。y＝きまった数×xの式になれば比例です。

54

⏩答え 28ページ

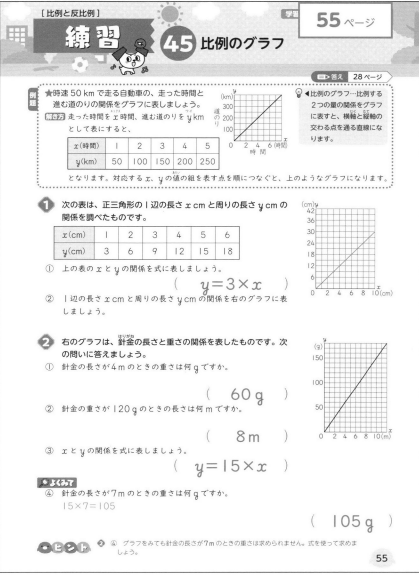

例題 ★時速50kmで走る自動車の、走った時間と進む道のりの関係をグラフに表しましょう。
解き方 走った時間をx時間、進む道のりを$y$kmとして表にすると、

x（時間）	1	2	3	4	5
y（km）	50	100	150	200	250

となります。対応するx、yの値の組を表す点を順につなぐと、上のようなグラフになります。

💡比例のグラフ…比例する2つの量の関係をグラフに表すと、横軸と縦軸の交わる点を通る直線になります。

❶ 次の表は、正三角形の1辺の長さ$x$cmと周りの長さ$y$cmの関係を調べたものです。

x（cm）	1	2	3	4	5	6
y（cm）	3	6	9	12	15	18

① 上の表のxとyの関係を式に表しましょう。
（　$y＝3×x$　）

② 1辺の長さ$x$cmと周りの長さ$y$cmの関係を右のグラフに表しましょう。

❷ 右のグラフは、針金の長さと重さの関係を表したものです。次の問いに答えましょう。
① 針金の長さが4mのときの重さは何gですか。
（　60g　）
② 針金の重さが120gのときの長さは何mですか。
（　8m　）
③ xとyの関係を式に表しましょう。
（　$y＝15×x$　）

💬よくみて
④ 針金の長さが7mのときの重さは何gですか。
15×7＝105
（　105g　）

💬ヒント ❷ ④ グラフをみても針金の長さが7mのときの重さは求められません。式を使って求めましょう。

55

54ページ
❶ ⓘ道のり＝60×時間で表されるので、時間が2倍、3倍になると、道のりも2倍、3倍になります。
ⓤ正方形の1辺の長さが2倍になると、面積は4倍になります。
ⓞ使ったお金が2倍になっても、残りのお金は2倍になりません。
❷ xが2倍、3倍になるとyも2倍、3倍になるものを選びます。

55ページ
❶ yはいつもxの3倍になっています。グラフは、表の点をすべて結んでかいてもよいですが、どれか1つの点を選び、その点と0の点を通る直線をひけばよいです。
❷ ③xが2のときyは30より、xが1のときyは15になります。yはxの15倍になるので、$y＝15×x$の式で表されます。

🏠おうちのかたへ
比例の変わり方は5年生でも学習しました。不安がある場合は5年生の内容のふりかえりをしましょう。

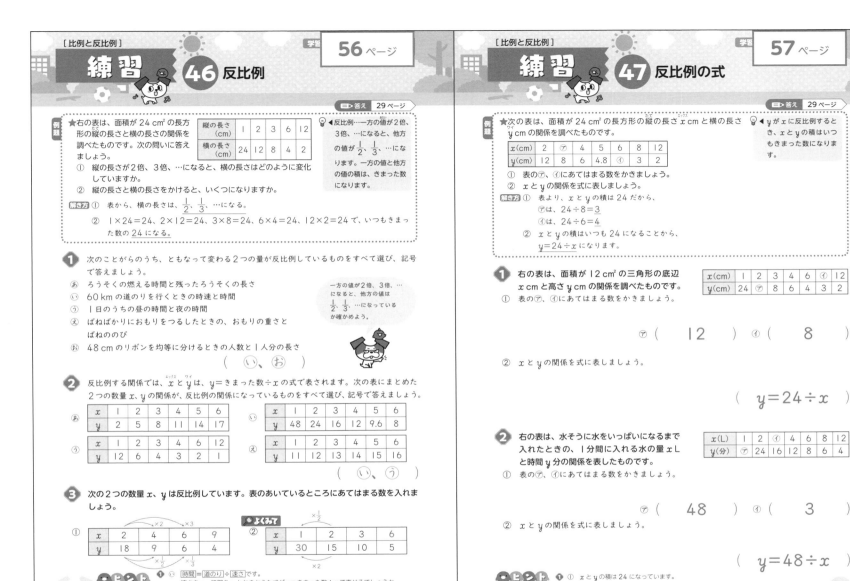

→ 答え 29 ページ

例題
★右の表は、面積が 24 cm² の長方形の縦の長さと横の長さの関係を調べたものです。次の問いに答えましょう。
① 縦の長さが 2 倍、3 倍、…になると、横の長さはどのように変化していますか。
② 縦の長さと横の長さをかけると、いくつになりますか。

縦の長さ (cm)	1	2	3	6	12
横の長さ (cm)	24	12	8	4	2

反比例…一方の値が 2 倍、3 倍、…になると、他方の値が $\frac{1}{2}$、$\frac{1}{3}$、…になります。一方の値と他方の値の積は、きまった数になります。

解き方① 表から、横の長さは、$\frac{1}{2}$、$\frac{1}{3}$、…になる。
② 1×24＝24、2×12＝24、3×8＝24、6×4＝24、12×2＝24 で、いつもきまった数の 24 になる。

❶ 次のことがらのうち、ともなって変わる 2 つの量が反比例しているものをすべて選び、記号で答えましょう。
㋐ ろうそくの燃える時間と残ったろうそくの長さ
㋑ 60 km の道のりを行くときの時速と時間
㋒ 1 日のうちの昼の時間と夜の時間
㋓ ばねばかりにおもりをつるしたときの、おもりの重さとばねののび
㋔ 48 cm のリボンを均等に分けるときの人数と 1 人分の長さ

（ ㋑、㋔ ）

一方の値が 2 倍、3 倍、…になると、他方の値は $\frac{1}{2}$、$\frac{1}{3}$、…になっているか確かめよう。

❷ 反比例する関係では、x と y は、y＝きまった数÷x の式で表されます。次の表にまとめた 2 つの数量 x、y の関係が、反比例の関係になっているものをすべて選び、記号で答えましょう。

㋐
x	1	2	3	4	5	6
y	2	5	8	11	14	17

㋑
x	1	2	3	4	5	6
y	48	24	16	12	9.6	8

㋒
x	1	2	3	4	6	12
y	12	6	4	3	2	1

㋓
x	1	2	3	4	5	6
y	11	12	13	14	15	16

（ ㋑、㋒ ）

❸ 次の 2 つの数量 x、y は反比例しています。表のあいているところにあてはまる数を入れましょう。

①
x	2	4	6	9
y	18	9	6	4
×2　×3　×$\frac{1}{2}$　×$\frac{1}{3}$

●よくみて
x	1	2	3	6
y	30	15	10	5
×$\frac{1}{2}$　×2

●ヒント ❶ ② 時間＝道のり÷速さ です。速さを x、時間を y とおきかえた式が y＝きまった数÷x で表せるでしょうか。

56

→ 答え 29 ページ

例題
★次の表は、面積が 24 cm² の長方形の縦の長さ x cm と横の長さ y cm の関係を調べたものです。

x(cm)	2	㋐	4	5	6	8	12
y(cm)	12	8	6	4.8	㋑	3	2

① 表の㋐、㋑にあてはまる数をかきましょう。
② x と y の関係を式に表しましょう。

y が x に反比例するとき、x と y の積はいつもきまった数になります。

解き方① 表より、x と y の積は 24 だから、
㋐は、24÷8＝3
㋑は、24÷6＝4
② x と y の積はいつも 24 になることから、y＝24÷x になります。

❶ 右の表は、面積が 12 cm² の三角形の底辺 x cm と高さ y cm の関係を調べたものです。

x(cm)	1	2	3	4	6	㋑	12
y(cm)	24	㋐	8	6	4	3	2

① 表の㋐、㋑にあてはまる数をかきましょう。

㋐（ 12 ）㋑（ 8 ）

② x と y の関係を式に表しましょう。

（ $y＝24÷x$ ）

❷ 右の表は、水そうに水をいっぱいになるまで入れたときの、1 分間に入れる水の量 x L と時間 y 分の関係を表したものです。

x(L)	1	2	㋑	4	6	8	12
y(分)	㋐	24	16	12	8	6	4

① 表の㋐、㋑にあてはまる数をかきましょう。

㋐（ 48 ）㋑（ 3 ）

② x と y の関係を式に表しましょう。

（ $y＝48÷x$ ）

●ヒント ❶ ① x と y の積は 24 になっています。

57

❶ ㋑ 時速を 2 倍にするとかかる時間は $\frac{1}{2}$ になります。
㋔ 人数を 2 倍にすると 1 人分の長さは $\frac{1}{2}$ になります。

❷ x が 2 倍、3 倍になると y は $\frac{1}{2}$、$\frac{1}{3}$ になるもの、x と y の積がきまった数になっているものを選びます。

❸ ①x と y の積は、いつも 36 になっています。
②x と y の積は、いつも 30 になっています。

❶ ①x と y の積は、いつも 24 になっているので、
㋐は、24÷2＝12
㋑は、24÷3＝8

❷ ①x と y の積は、いつも 48 になっているので、
㋐は、48÷1＝48
㋑は、48÷16＝3

⌂ おうちのかたへ
x と y の増えかた、減りかたと、x と y の積に着目しましょう。

確かめのテスト **48** 比例と反比例

時間 30分 /100 合格 80点 答え 30ページ

1 次の2つの数量 x、y は比例しています。表のあいているところにあてはまる数を入れましょう。

各4点(8点)

①
x	2	3	6	8
y	8	12	24	32

②
x	5	10	15	20
y	15	30	45	60

2 自転車が一定の速さで走っています。右の表は、走った時間 x 分と進んだ道のり y km の関係を表したものです。次の問いに答えましょう。

各5点(20点)

x(分)	1	2	4	6	㋐
y(km)	㋐	1.2	2.4	3.6	4.8

① 表の㋐、㋑にあてはまる数をかきましょう。

㋐ (0.6) ㋑ (8)

② 自転車の速さは分速何 km ですか。

(分速 0.6 km)

③ x と y の関係を式に表しましょう。

($y=0.6×x$)

3 右のグラフは、針金の長さ x m と重さ y g の関係を表したものです。次の問いに答えましょう。

各8点(24点)

① x と y の関係を式に表しましょう。

($y=20×x$)

② 針金の長さが9mのときの重さは何 g ですか。
$20×9=180$

(180 g)

できたらスゴイ!
③ 針金の重さが360 g のとき、針金の長さは何 m になりますか。
$360=20×x$ より $x=360÷20=18$

(18 m)

58

4 次の2つの数量 x、y は反比例しています。表のあいているところにあてはまる数を入れましょう。

各4点(8点)

①
x	2	3	4	6
y	24	16	12	8

②
x	3	6	9	12
y	36	18	12	9

5 縦の長さが x cm、横の長さが y cm で面積が 48 cm² の長方形があります。右の表は、x と y の関係を表したものです。次の問いに答えましょう。

各5点(20点)

x(cm)	3	4	6	8	㋐	12
y(cm)	16	12	㋑	6	4.8	4

① 表の㋐、㋑にあてはまる数をかきましょう。

㋐ (8) ㋑ (10)

② x と y の関係を式に表しましょう。

($y=48÷x$)

③ 縦の長さが16 cm のとき、横の長さは何 cm になりますか。
$48÷16=3$

(3 cm)

6 右の表は、ある道のりをいろいろな速さで行くときの時速 x km とかかる時間 y 時間の関係を表したものです。次の問いに答えましょう。

各5点(20点)

時速 x(km)	1	2	3	4	6	㋑
y(時間)	12	6	㋐	3	2	1

① 表の㋐、㋑にあてはまる数をかきましょう。

㋐ (4) ㋑ (12)

② x と y の関係を式に表しましょう。

($y=12÷x$)

③ この道のりを5時間かかって行くとき、速さは時速何 km ですか。
$12÷5=2.4$

(時速 2.4 km)

59

58ページ

1 ①y は いつも x の4倍に なっています。
②y は いつも x の3倍に なっています。

2 ②x が1のとき y は 0.6 だから、分速 0.6 km です。

3 ①x が2のとき y は 40、x が4のとき y は 80と、y はいつも x の20倍に なっています。

59ページ

4 ①x と y の積は、いつも 48 になっています。
②x と y の積は、いつも 108 になっています。

5 ②x と y の積はいつも 48 になることから、$y=48÷x$ になります。

6 ①x と y の積はいつも 12 になっています。

おうちのかたへ
比例と反比例を混同しないようにそれぞれの違いをよく理解させましょう。

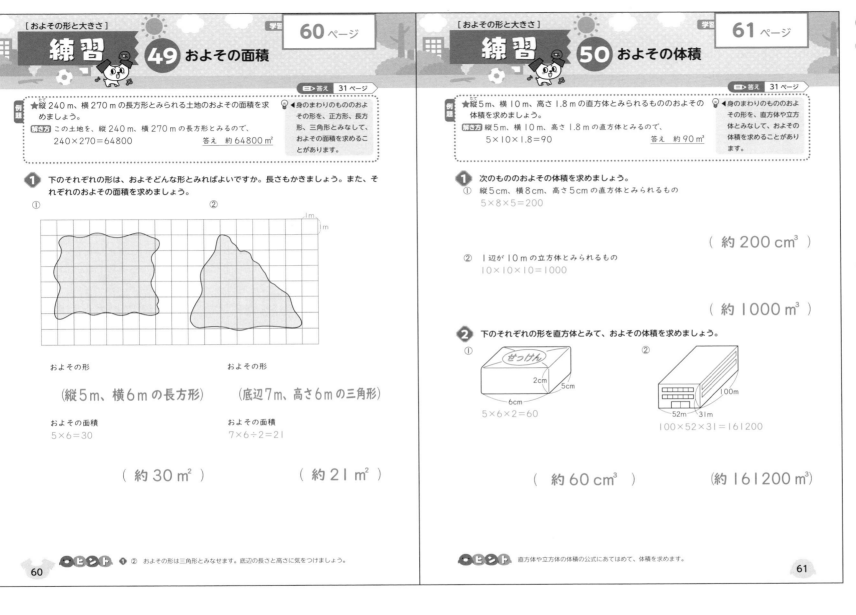

答え 31ページ

例題 ★縦240m、横270mの長方形とみられる土地のおよその面積を求めましょう。

解き方 この土地を、縦240m、横270mの長方形とみるので、
240×270＝64800　　　　　答え 約64800㎡

💡◀身のまわりのものおよその形を、正方形、長方形、三角形とみなして、およその面積を求めることがあります。

1 下のそれぞれの形は、およそどんな形とみればよいですか。長さもかきましょう。また、それぞれのおよその面積を求めましょう。

① ②

およその形　　　　　　　およその形

（縦5m、横6mの長方形）　（底辺7m、高さ6mの三角形）

およその面積　　　　　　およその面積
5×6＝30　　　　　　　　7×6÷2＝21

（ 約30㎡ ）　　　　　（ 約21㎡ ）

ヒント 1 ② およその形は三角形とみなせます。底辺の長さと高さに気をつけましょう。

60

答え 31ページ

例題 ★縦5m、横10m、高さ1.8mの直方体とみられるもののおよその体積を求めましょう。

解き方 縦5m、横10m、高さ1.8mの直方体とみるので、
5×10×1.8＝90　　　　　答え 約90㎥

💡◀身のまわりのものおよその形を、直方体や立方体とみなして、およその体積を求めることがあります。

1 次のもののおよその体積を求めましょう。
① 縦5cm、横8cm、高さ5cmの直方体とみられるもの
5×8×5＝200

（ 約200㎤ ）

② 1辺が10mの立方体とみられるもの
10×10×10＝1000

（ 約1000㎥ ）

2 下のそれぞれの形を直方体とみて、およその体積を求めましょう。
① ②
せっけん
2cm
5cm
6cm
5×6×2＝60

52m　31m
100m
100×52×31＝161200

（ 約60㎤ ）　　　（約161200㎥）

ヒント 直方体や立方体の体積の公式にあてはめて、体積を求めます。

61

60ページ
1 およその形は①は長方形、②は三角形になっています。
マスに合わせて大まかな長さを調べます。
およその形で面積を求めるので、面積の答えには「約」をつけます。
①長方形の面積＝縦×横
②三角形の面積
　＝底辺×高さ÷2

61ページ
1 面積と同じように、答えには「約」をつけます。
①直方体の体積
　＝縦×横×高さ
②立方体の体積
　＝1辺×1辺×1辺
2 答えには「約」をつけます。

おうちのかたへ
公式から面積を求められる図形の形に見立てて、およその形を考えましょう。

確かめのテスト 51 およその形と大きさ

時間 30分
100
合格 80点
答え 32ページ

1 次のもののおよその面積を求めましょう。
各10点(20点)

① 縦4cm、横3cmの長方形とみられるシール
4×3=12

(約 12 cm²)

② 1辺が4cmの正方形とみられるシール
4×4=16

(約 16 cm²)

2 次のもののおよその面積を求めましょう。
各10点(40点)

① 底辺が8m、高さが6mの三角形とみられるもの
8×6÷2=24

(約 24 m²)

② 底辺が6m、高さが4mの平行四辺形とみられるもの
6×4=24

(約 24 m²)

③ 上底が230m、下底が370mで、高さが300mの台形とみられるもの
(230+370)×300÷2=90000

(約 90000 m²)

④ 半径が50mの円とみられるもの
50×50×3.14=7850

(約 7850 m²)

62

3 右の図のようなねんどのおよその体積を求めましょう。
(10点)
10×14×4=560

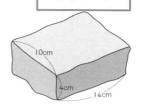

(約 560 cm³)

4 右の図のような模型のおよその体積を求めましょう。
(10点)
4×17×5=340

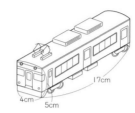

(約 340 cm³)

5 右の図のような土地があります。
各10点(20点)

① この土地を、1辺の長さが280kmの正方形とみて、およその面積を求めましょう。
280×280=78400

(約 78400 km²)

でるもんクイズ!

② この土地のまわりの線の中にある方眼の数を数えたら150個でした。
また、土地のまわりの線がとおっている方眼の数を数えたら88個でした。
この土地のまわりの線の中にある方眼1つの面積は400km²です。土地のまわりの線がとおっている方眼は、ならして200km²とみて、この土地のおよその面積を求めましょう。
400×150=60000
200×88=17600
60000+17600=77600

(約 77600 km²)

63

62ページ

1 ①長方形の面積=縦×横
②正方形の面積
　=1辺×1辺

2 ①三角形の面積
　=底辺×高さ÷2
②平行四辺形の面積
　=底辺×高さ
③台形の面積
　=(上底+下底)×高さ÷2
④円の面積
　=半径×半径×3.14

63ページ

3 およその形を、縦10cm、横14cm、高さ4cmの直方体と考えると、体積は、
10×14×4=560(cm³)
となります。

5 ②土地のまわりの線の中にある面積は、方眼1つが400km²で、方眼が150個分だから、400×150。また、線が通っている部分の面積は、方眼1つを200km²分とみて、方眼が88個分だから、200×88。これらを合計します。

おうちのかたへ
面積、体積の公式を再確認しましょう。答えに「約」をつけ忘れないようにしましょう。

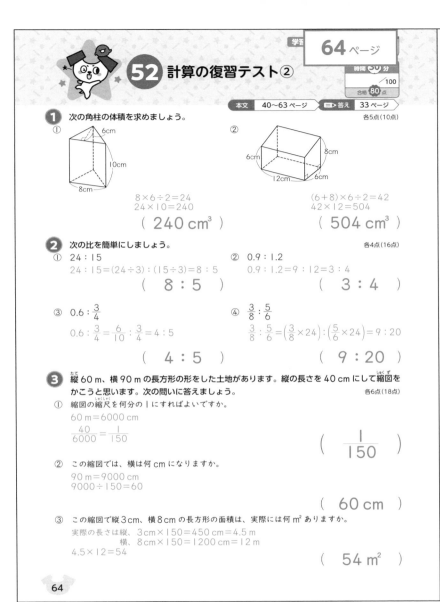

52 計算の復習テスト②

時間 **30**分
/100
合格 **80**点

本文 40〜63 ページ ■▶答え 33 ページ

① 次の角柱の体積を求めましょう。
各5点(10点)

①
6cm
10cm
8cm

$8×6÷2=24$
$24×10=240$

(**240** cm³)

②
8cm
6cm
12cm
6cm

$(6+8)×6÷2=42$
$42×12=504$

(**504** cm³)

② 次の比を簡単にしましょう。
各4点(16点)

① 24:15
$24:15=(24÷3):(15÷3)=8:5$

(**8:5**)

② 0.9:1.2
$0.9:1.2=9:12=3:4$

(**3:4**)

③ $0.6:\dfrac{3}{4}$
$0.6:\dfrac{3}{4}=\dfrac{6}{10}:\dfrac{3}{4}=4:5$

(**4:5**)

④ $\dfrac{3}{8}:\dfrac{5}{6}$
$\dfrac{3}{8}:\dfrac{5}{6}=\left(\dfrac{3}{8}×24\right):\left(\dfrac{5}{6}×24\right)=9:20$

(**9:20**)

③ 縦 60 m、横 90 m の長方形の形をした土地があります。縦の長さを 40 cm にして縮図をかこうと思います。次の問いに答えましょう。
各6点(18点)

① 縮図の縮尺を何分の1にすればよいですか。
$60\,m=6000\,cm$
$\dfrac{40}{6000}=\dfrac{1}{150}$

($\dfrac{1}{150}$)

② この縮図では、横は何 cm になりますか。
$90\,m=9000\,cm$
$9000÷150=60$

(**60** cm)

③ この縮図で縦3cm、横8cm の長方形の面積は、実際には何 m² ありますか。
実際の長さは縦、$3\,cm×150=450\,cm=4.5\,m$
横、$8\,cm×150=1200\,cm=12\,m$
$4.5×12=54$

(**54** m²)

---

④ 水そうに一定の割合で水を入れます。右の表は、水を入れたときの時間 x 分と水そうにたまった水の深さ y cm の関係を表したものです。次の問いに答えましょう。
各6点(24点)

x (分)	1	2	3	4	①
y (cm)	3	6	⑦	12	18

① 表の⑦、①にあてはまる数をかきましょう。

⑦ (**9**) ① (**6**)

② x と y の関係を式に表しましょう。

($y=3×x$)

③ 水の深さが 24 cm になるのは、水を入れはじめてから何分たったときですか。
$24÷3=8$

(**8分**)

⑤ 72 km の道のりを、時速 x km で進んだときにかかる時間を y 時間とします。右の表は、x と y の関係を表したものです。次の問いに答えましょう。
各6点(24点)

時速 x (km)	9	12	18	24	①	36
y (時間)	8	6	⑦	3	2.4	2

① 表の⑦、①にあてはまる数をかきましょう。

⑦ (**4**) ① (**30**)

② x と y の関係を式に表しましょう。

($y=72÷x$)

③ 時速 6 km で走ったとき、何時間かかりますか。
$72÷6=12$

(**12** 時間)

⑥ 右のようなバッグのおよその体積を求めましょう。 (8点)
$20×32×40=25600$

20cm
32cm
40cm

(約 **25600** cm³)

---

① ②底面は、上底が6cm、下底が8cm、高さが6cm の台形です。

② ①両方の数を3でわります。

③ ③実際の縦、横の長さを求めて、長方形の面積を求めます。単位に注意しましょう。

④ ②表より、y はいつも x の3倍になっています。
③1分間に3cm の割合で深くなっていくので、24 cm の深さになるには、$24÷3=8$(分)かかります。

⑤ ②表より、x と y の積はいつも 72 になっています。

⑥ 縦 20 cm、横 32 cm、高さ 40 cm の直方体とみて体積を求めます。
答えに「約」をつけます。

⌂ **おうちのかたへ**
比例・反比例では、問題の文章や表をよく読んで、理解する力をつけましょう。

33

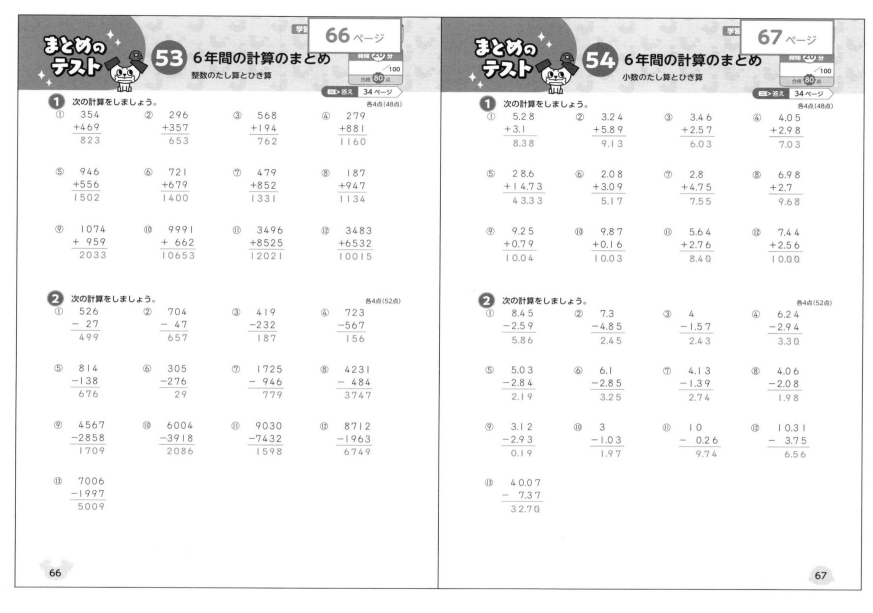

まとめのテスト 53　6年間の計算のまとめ
整数のたし算とひき算

学習 **66** ページ

時間 20分　／100　合格 80点

答え 34ページ

1 次の計算をしましょう。
各4点(48点)

| ① 354
+469
823 | ② 296
+357
653 | ③ 568
+194
762 | ④ 279
+881
1160 |

| ⑤ 946
+556
1502 | ⑥ 721
+679
1400 | ⑦ 479
+852
1331 | ⑧ 187
+947
1134 |

| ⑨ 1074
+ 959
2033 | ⑩ 9991
+ 662
10653 | ⑪ 3496
+8525
12021 | ⑫ 3483
+6532
10015 |

2 次の計算をしましょう。
各4点(52点)

| ① 526
− 27
499 | ② 704
− 47
657 | ③ 419
−232
187 | ④ 723
−567
156 |

| ⑤ 814
−138
676 | ⑥ 305
−276
29 | ⑦ 1725
− 946
779 | ⑧ 4231
− 484
3747 |

| ⑨ 4567
−2858
1709 | ⑩ 6004
−3918
2086 | ⑪ 9030
−7432
1598 | ⑫ 8712
−1963
6749 |

| ⑬ 7006
−1997
5009 |

66

まとめのテスト 54　6年間の計算のまとめ
小数のたし算とひき算

学習 **67** ページ

時間 20分　／100　合格 80点

答え 34ページ

1 次の計算をしましょう。
各4点(48点)

| ① 5.28
+3.1
8.38 | ② 3.24
+5.89
9.13 | ③ 3.46
+2.57
6.03 | ④ 4.05
+2.98
7.03 |

| ⑤ 28.6
+14.73
43.33 | ⑥ 2.08
+3.09
5.17 | ⑦ 2.8
+4.75
7.55 | ⑧ 6.98
+2.7
9.68 |

| ⑨ 9.25
+0.79
10.04 | ⑩ 9.87
+0.16
10.03 | ⑪ 5.64
+2.76
8.40 | ⑫ 7.44
+2.56
10.00 |

2 次の計算をしましょう。
各4点(52点)

| ① 8.45
−2.59
5.86 | ② 7.3
−4.85
2.45 | ③ 4
−1.57
2.43 | ④ 6.24
−2.94
3.30 |

| ⑤ 5.03
−2.84
2.19 | ⑥ 6.1
−2.85
3.25 | ⑦ 4.13
−1.39
2.74 | ⑧ 4.06
−2.08
1.98 |

| ⑨ 3.12
−2.93
0.19 | ⑩ 3
−1.03
1.97 | ⑪ 10
− 0.26
9.74 | ⑫ 10.31
− 3.75
6.56 |

| ⑬ 40.07
− 7.37
32.70 |

67

66ページ

1 くり上がりに注意して計算しましょう。

2 くり下がりに注意して計算しましょう。

67ページ

1 あいている位の計算に気をつけましょう。小数点以下の最後の0は省きます。
答えの小数点は上と同じ位置にうちます。
⑫小数点以下に0が2つつくので省いて、答えは10になります。

2 あいている位や0になっている位の計算に気をつけましょう。
答えの小数点は、上と同じ位置にうちます。
③4は4.00として計算します。

おうちのかたへ
整数のたし算とひき算は3年生、小数のたし算とひき算は4年生で学習しました。繰り返し練習して身につけましょう。

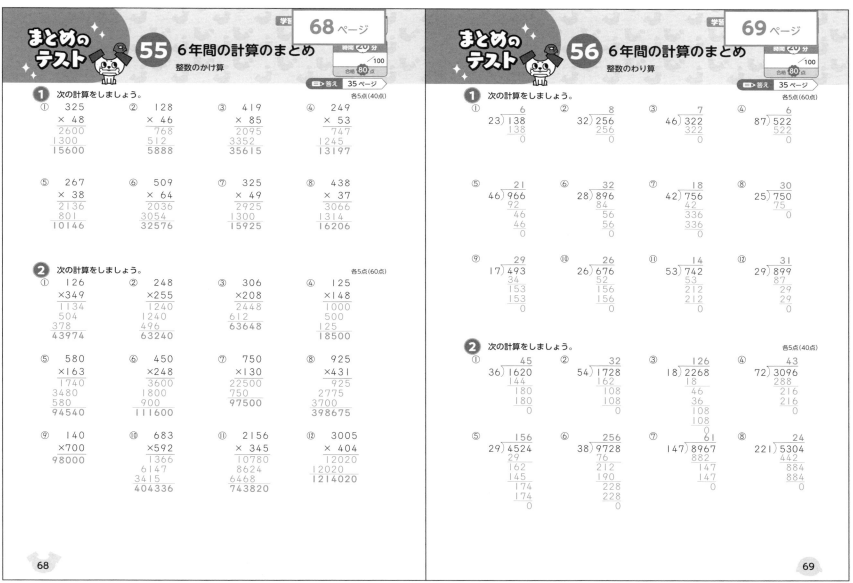

まとめのテスト **55** 6年間の計算のまとめ
整数のかけ算

学習 **68**ページ
時間 20分 /100 合格 80点
答え 35ページ

❶ 次の計算をしましょう。 各5点(40点)

| ① | 325
× 48
2600
1300
15600 | ② | 128
× 46
768
512
5888 | ③ | 419
× 85
2095
3352
35615 | ④ | 249
× 53
747
1245
13197 |

| ⑤ | 267
× 38
2136
801
10146 | ⑥ | 509
× 64
2036
3054
32576 | ⑦ | 325
× 49
2925
1300
15925 | ⑧ | 438
× 37
3066
1314
16206 |

❷ 次の計算をしましょう。 各5点(60点)

| ① | 126
×349
1134
504
378
43974 | ② | 248
×255
1240
1240
496
63240 | ③ | 306
×208
2448
612
63648 | ④ | 125
×148
1000
500
125
18500 |

| ⑤ | 580
×163
1740
3480
580
94540 | ⑥ | 450
×248
3600
1800
900
111600 | ⑦ | 750
×130
22500
750
97500 | ⑧ | 925
×431
925
2775
3700
398675 |

| ⑨ | 140
×700
98000 | ⑩ | 683
×592
1366
6147
3415
404336 | ⑪ | 2156
× 345
10780
8624
6468
743820 | ⑫ | 3005
× 404
12020
12020
1214020 |

68

まとめのテスト **56** 6年間の計算のまとめ
整数のわり算

学習 **69**ページ
時間 20分 /100 合格 80点
答え 35ページ

❶ 次の計算をしましょう。 各5点(60点)

| ① | 6
23)138
138
0 | ② | 8
32)256
256
0 | ③ | 7
46)322
322
0 | ④ | 6
87)522
522
0 |

| ⑤ | 21
46)966
92
46
46
0 | ⑥ | 32
28)896
84
56
56
0 | ⑦ | 18
42)756
42
336
336
0 | ⑧ | 30
25)750
75
0 |

| ⑨ | 29
17)493
34
153
153
0 | ⑩ | 26
26)676
52
156
156
0 | ⑪ | 14
53)742
53
212
212
0 | ⑫ | 31
29)899
87
29
29
0 |

❷ 次の計算をしましょう。 各5点(40点)

| ① | 45
36)1620
144
180
180
0 | ② | 32
54)1728
162
108
108
0 | ③ | 126
18)2268
18
46
36
108
108
0 | ④ | 43
72)3096
288
216
216
0 |

| ⑤ | 156
29)4524
29
162
145
174
174
0 | ⑥ | 256
38)9728
76
212
190
228
228
0 | ⑦ | 61
147)8967
882
147
147
0 | ⑧ | 24
221)5304
442
884
884
0 |

69

68ページ

❶ ①325×8、325×4と順に計算します。位に気をつけましょう。

❷ 0になっている位のかけ算に気をつけましょう。
かける数が2けたから3けたになっても、同じように計算できます。

69ページ

❶ ①〜④たてる→かける→ひくの順に計算していきます。
⑤〜⑫たてる→かける→ひく→おろすをくりかえします。

❷ 商はどの位からたつかに注意してわり算しましょう。
③商が3けたになる場合も、同じように計算します。筆算が長くなるので、ていねいに計算しましょう。

おうちのかたへ
整数のかけ算は3年生、4年生で、整数のわり算は4年生で学習しました。かけ算では積をかく位置に注意しましょう。

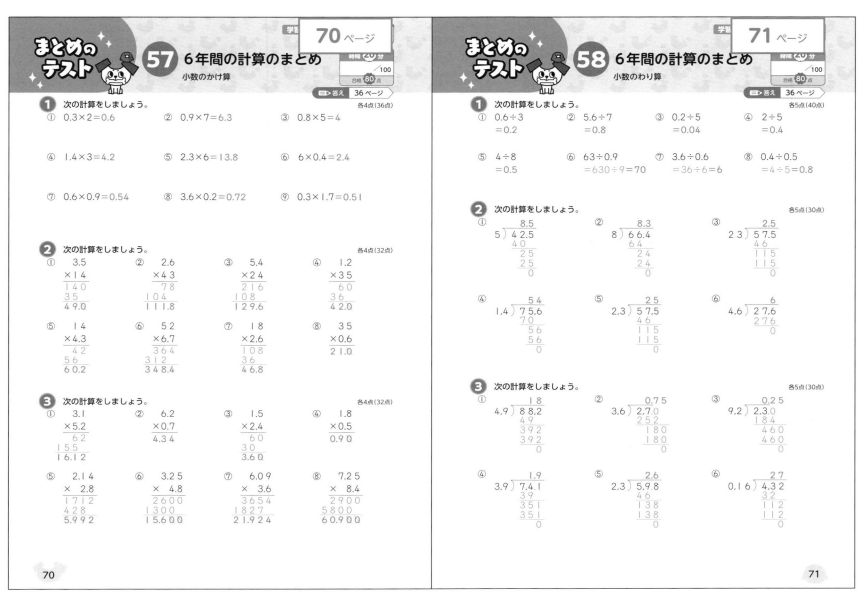

まとめのテスト 57 6年間の計算のまとめ
小数のかけ算

学習 **70**ページ
時間 20分 /100
合格 **80**点
答え 36ページ

1 次の計算をしましょう。　各4点(36点)
① 0.3×2=0.6　② 0.9×7=6.3　③ 0.8×5=4
④ 1.4×3=4.2　⑤ 2.3×6=13.8　⑥ 6×0.4=2.4
⑦ 0.6×0.9=0.54　⑧ 3.6×0.2=0.72　⑨ 0.3×1.7=0.51

2 次の計算をしましょう。　各4点(32点)
①
```
   3.5
×   14
  140
  35
 49.0
```
②
```
   2.6
×   43
   78
 104
 111.8
```
③
```
   5.4
×   24
  216
 108
 129.6
```
④
```
   1.2
×   35
   60
  36
 42.0
```
⑤
```
   14
× 4.3
   42
  56
 60.2
```
⑥
```
   52
× 6.7
  364
 312
 348.4
```
⑦
```
   18
× 2.6
  108
  36
 46.8
```
⑧
```
   35
× 0.6
 21.0
```

3 次の計算をしましょう。　各4点(32点)
①
```
   3.1
× 5.2
   62
 155
 16.12
```
②
```
   6.2
× 0.7
 4.34
```
③
```
   1.5
× 2.4
   60
  30
 3.60
```
④
```
   1.8
× 0.5
 0.90
```
⑤
```
    2.14
×   2.8
  1712
  428
 5.992
```
⑥
```
    3.25
×   4.8
  2600
 1300
 15.600
```
⑦
```
    6.09
×   3.6
  3654
 1827
 21.924
```
⑧
```
    7.25
×   8.4
  2900
 5800
 60.900
```

まとめのテスト 58 6年間の計算のまとめ
小数のわり算

学習 **71**ページ
時間 20分 /100
合格 **80**点
答え 36ページ

1 次の計算をしましょう。　各5点(40点)
① 0.6÷3
　=0.2
② 5.6÷7
　=0.8
③ 0.2÷5
　=0.04
④ 2÷5
　=0.4
⑤ 4÷8
　=0.5
⑥ 63÷0.9
　=630÷9=70
⑦ 3.6÷0.6
　=36÷6=6
⑧ 0.4÷0.5
　=4÷5=0.8

2 次の計算をしましょう。　各5点(30点)
①
```
      8.5
 5)42.5
   40
    25
    25
     0
```
②
```
      8.3
 8)66.4
   64
    24
    24
     0
```
③
```
       2.5
 23)57.5
    46
    115
    115
      0
```
④
```
        54
 1.4)75.6
     70
     56
     56
      0
```
⑤
```
        25
 2.3)57.5
     46
     115
     115
       0
```
⑥
```
        6
 4.6)27.6
     276
       0
```

3 次の計算をしましょう。　各5点(30点)
①
```
        18
 4.9)88.2
     49
     392
     392
       0
```
②
```
       0.75
 3.6)2.7.0
     252
     180
     180
       0
```
③
```
       0.25
 9.2)2.3.0
     184
     460
     460
       0
```
④
```
        1.9
 3.9)7.4.1
     39
     351
     351
       0
```
⑤
```
        2.6
 2.3)5.9.8
     46
     138
     138
       0
```
⑥
```
        27
 0.16)4.32
      32
      112
      112
        0
```

70ページ
1 積の小数点は、かけられる数とかける数の右にあるけた数の和だけ、右から数えてうちます。
2 小数点以下の最後の0は省きます。
3 ⑤小数点以下のけた数は、かけられる数は2けた、かける数は1けたなので、積の小数点は、右から3けたのところにうちます。

71ページ
1 ⑥～⑧わる数とわられる数の両方に10をかけ、わる数を整数にしてから計算します。
2 ①～③商の小数点は、わられる数の小数点にそろえてうちます。
④～⑥わる数とわられる数の小数点を同じだけ右に移し、わる数を整数になおして計算します。商の小数点は、わられる数のうつした小数点にそろえてうちます。
3 ②、③0をつけたしてわりきれるまで計算します。

おうちのかたへ
積や商の小数点の位置を間違えることが多いので注意が必要です。

まとめのテスト 59 6年間の計算のまとめ
分数のたし算とひき算

時間 20分 / 100　合格 80点

答え 37ページ

❶ 次の計算をしましょう。 各5点(50点)

① $\frac{1}{5}+\frac{2}{5}=\frac{3}{5}$

② $\frac{3}{9}+\frac{5}{9}=\frac{8}{9}$

③ $\frac{1}{4}+\frac{1}{5}=\frac{5}{20}+\frac{4}{20}=\frac{9}{20}$

④ $\frac{7}{6}+\frac{2}{9}=\frac{21}{18}+\frac{4}{18}=\frac{25}{18}\left(1\frac{7}{18}\right)$

⑤ $\frac{1}{3}+\frac{1}{6}=\frac{2}{6}+\frac{1}{6}=\frac{3}{6}=\frac{1}{2}$

⑥ $\frac{4}{3}+\frac{5}{12}=\frac{16}{12}+\frac{5}{12}=\frac{21}{12}=\frac{7}{4}\left(1\frac{3}{4}\right)$

⑦ $\frac{3}{5}+\frac{9}{10}=\frac{6}{10}+\frac{9}{10}=\frac{15}{10}=\frac{3}{2}\left(1\frac{1}{2}\right)$

⑧ $\frac{3}{4}+\frac{3}{20}=\frac{15}{20}+\frac{3}{20}=\frac{18}{20}=\frac{9}{10}$

⑨ $1\frac{1}{2}+2\frac{1}{3}=\frac{3}{2}+\frac{7}{3}=\frac{9}{6}+\frac{14}{6}$
$=\frac{23}{6}\left(3\frac{5}{6}\right)$

⑩ $2\frac{3}{5}+2\frac{4}{7}=\frac{13}{5}+\frac{18}{7}=\frac{91}{35}+\frac{90}{35}$
$=\frac{181}{35}\left(5\frac{6}{35}\right)$

❷ 次の計算をしましょう。 各5点(50点)

① $\frac{5}{7}-\frac{3}{7}=\frac{2}{7}$

② $\frac{7}{9}-\frac{4}{9}=\frac{3}{9}=\frac{1}{3}$

③ $\frac{4}{5}-\frac{3}{4}=\frac{16}{20}-\frac{15}{20}=\frac{1}{20}$

④ $\frac{1}{2}-\frac{1}{8}=\frac{4}{8}-\frac{1}{8}=\frac{3}{8}$

⑤ $\frac{2}{3}-\frac{7}{15}=\frac{10}{15}-\frac{7}{15}=\frac{3}{15}=\frac{1}{5}$

⑥ $\frac{5}{6}-\frac{3}{10}=\frac{25}{30}-\frac{9}{30}=\frac{16}{30}=\frac{8}{15}$

⑦ $\frac{5}{12}-\frac{1}{6}=\frac{5}{12}-\frac{2}{12}=\frac{3}{12}=\frac{1}{4}$

⑧ $\frac{9}{10}-\frac{1}{15}=\frac{27}{30}-\frac{2}{30}=\frac{25}{30}=\frac{5}{6}$

⑨ $2\frac{6}{7}-1\frac{2}{3}=\frac{20}{7}-\frac{5}{3}=\frac{60}{21}-\frac{35}{21}$
$=\frac{25}{21}\left(1\frac{4}{21}\right)$

⑩ $3\frac{3}{8}-1\frac{11}{12}=\frac{27}{8}-\frac{23}{12}=\frac{81}{24}-\frac{46}{24}$
$=\frac{35}{24}\left(1\frac{11}{24}\right)$

72

まとめのテスト 60 6年間の計算のまとめ
分数のかけ算

時間 20分 / 100　合格 80点

答え 37ページ

❶ 次の計算をしましょう。 各5点(20点)

① $\frac{1}{6}\times5=\frac{5}{6}$

② $\frac{5}{12}\times4=\frac{5\times4}{12\times1}=\frac{5}{3}\left(1\frac{2}{3}\right)$

③ $2\times\frac{3}{8}=\frac{2\times3}{1\times8}=\frac{3}{4}$

④ $9\times\frac{2}{3}=\frac{9\times2}{1\times3}=6$

❷ 次の計算をしましょう。 各5点(80点)

① $\frac{3}{4}\times\frac{1}{2}=\frac{3\times1}{4\times2}=\frac{3}{8}$

② $\frac{4}{9}\times\frac{2}{5}=\frac{4\times2}{9\times5}=\frac{8}{45}$

③ $\frac{3}{5}\times\frac{5}{8}=\frac{3\times5}{5\times8}=\frac{3}{8}$

④ $\frac{9}{7}\times\frac{2}{3}=\frac{9\times2}{7\times3}=\frac{6}{7}$

⑤ $\frac{4}{9}\times\frac{5}{12}=\frac{4\times5}{9\times12}=\frac{5}{27}$

⑥ $\frac{3}{14}\times\frac{7}{8}=\frac{3\times7}{14\times8}=\frac{3}{16}$

⑦ $\frac{8}{15}\times\frac{3}{4}=\frac{8\times3}{15\times4}=\frac{2}{5}$

⑧ $\frac{5}{8}\times\frac{6}{5}=\frac{5\times6}{8\times5}=\frac{3}{4}$

⑨ $\frac{3}{8}\times\frac{4}{3}=\frac{3\times4}{8\times3}=\frac{1}{2}$

⑩ $\frac{7}{18}\times\frac{6}{7}=\frac{7\times6}{18\times7}=\frac{1}{3}$

⑪ $\frac{4}{9}\times\frac{3}{14}=\frac{4\times3}{9\times14}=\frac{2}{21}$

⑫ $\frac{5}{12}\times\frac{9}{10}=\frac{5\times9}{12\times10}=\frac{3}{8}$

⑬ $4\frac{4}{5}\times\frac{5}{6}=\frac{24\times5}{5\times6}=4$

⑭ $3\frac{1}{2}\times\frac{2}{7}=\frac{7\times2}{2\times7}=1$

⑮ $2\frac{1}{10}\times3\frac{3}{4}=\frac{21\times15}{10\times4}=\frac{63}{8}\left(7\frac{7}{8}\right)$

⑯ $1\frac{4}{5}\times4\frac{1}{6}=\frac{9\times25}{5\times6}=\frac{15}{2}\left(7\frac{1}{2}\right)$

73

---

72 ページ

❶、❷ 通分して、分母を同じにしてから計算します。答えが約分できるときは約分します。帯分数のはいった問題では、仮分数になおすか、整数どうし、真分数どうしを計算します。ひき算で、真分数どうしがひけないときは、整数からくり下げます。

73 ページ

❶ 整数×分数のかけ算では、整数は分母が1の分数になおして計算します。

❷ $\frac{\triangle}{\square}\times\frac{\bullet}{\bigcirc}=\frac{\triangle\times\bullet}{\square\times\bigcirc}$
計算のとちゅうで約分できるときは、約分してから計算します。
帯分数のはいった計算では、帯分数は仮分数になおして計算します。

🏠 おうちのかたへ
通分のしかたに不安がある場合は、5年生の分数の内容を振り返らせましょう。

61 6年間の計算のまとめ
分数のわり算

学習 **74**ページ

時間 20分　/100　合格 80点

答え 38ページ

1 次の計算をしましょう。 各5点(20点)

① $\frac{1}{5} \div 4 = \frac{1 \times 1}{5 \times 4} = \frac{1}{20}$

② $\frac{5}{6} \div 3 = \frac{5 \times 1}{6 \times 3} = \frac{5}{18}$

③ $3 \div \frac{3}{5} = \frac{3 \times 5}{1 \times 3} = 5$

④ $9 \div \frac{6}{7} = \frac{9 \times 7}{1 \times 6} = \frac{21}{2} \left(10\frac{1}{2}\right)$

2 次の計算をしましょう。 各5点(80点)

① $\frac{1}{2} \div \frac{1}{3} = \frac{1 \times 3}{2 \times 1} = \frac{3}{2} \left(1\frac{1}{2}\right)$

② $\frac{3}{8} \div \frac{2}{7} = \frac{3 \times 7}{8 \times 2} = \frac{21}{16} \left(1\frac{5}{16}\right)$

③ $\frac{9}{10} \div \frac{1}{5} = \frac{9 \times 5}{10 \times 1} = \frac{9}{2} \left(4\frac{1}{2}\right)$

④ $\frac{3}{5} \div \frac{9}{7} = \frac{3 \times 7}{5 \times 9} = \frac{7}{15}$

⑤ $\frac{7}{9} \div \frac{7}{13} = \frac{7 \times 13}{9 \times 7} = \frac{13}{9} \left(1\frac{4}{9}\right)$

⑥ $\frac{3}{8} \div \frac{7}{2} = \frac{3 \times 2}{8 \times 7} = \frac{3}{28}$

⑦ $\frac{8}{9} \div \frac{2}{3} = \frac{8 \times 3}{9 \times 2} = \frac{4}{3} \left(1\frac{1}{3}\right)$

⑧ $\frac{9}{10} \div \frac{3}{4} = \frac{9 \times 4}{10 \times 3} = \frac{6}{5} \left(1\frac{1}{5}\right)$

⑨ $\frac{10}{9} \div \frac{5}{12} = \frac{10 \times 12}{9 \times 5} = \frac{8}{3} \left(2\frac{2}{3}\right)$

⑩ $\frac{2}{15} \div \frac{6}{5} = \frac{2 \times 5}{15 \times 6} = \frac{1}{9}$

⑪ $\frac{9}{14} \div \frac{3}{8} = \frac{9 \times 8}{14 \times 3} = \frac{12}{7} \left(1\frac{5}{7}\right)$

⑫ $\frac{8}{21} \div \frac{6}{7} = \frac{8 \times 7}{21 \times 6} = \frac{4}{9}$

⑬ $3\frac{1}{3} \div \frac{5}{8} = \frac{10 \times 8}{3 \times 5} = \frac{16}{3} \left(5\frac{1}{3}\right)$

⑭ $\frac{5}{6} \div 1\frac{2}{3} = \frac{5 \times 3}{6 \times 5} = \frac{1}{2}$

⑮ $2\frac{2}{3} \div 1\frac{1}{5} = \frac{8 \times 5}{3 \times 6} = \frac{20}{9} \left(2\frac{2}{9}\right)$

⑯ $2\frac{2}{5} \div 3\frac{3}{4} = \frac{12 \times 4}{5 \times 15} = \frac{16}{25}$

74

62 6年間の計算のまとめ
計算のきまり

学習 **75**ページ

時間 20分　/100　合格 80点

答え 38ページ

1 くふうして計算しましょう。 各9点(36点)

① $17 + 56 + 14 = 17 + (56 + 14) = 17 + 70 = 87$

② $2 \times 11 \times 5 = (2 \times 5) \times 11 = 10 \times 11 = 110$

③ $12 \times 9 + 8 \times 9 = (12 + 8) \times 9 = 20 \times 9 = 180$

④ $4 \times 98 = 4 \times (100 - 2) = 4 \times 100 - 4 \times 2 = 400 - 8 = 392$

2 くふうして計算しましょう。 各8点(64点)

① $5.2 + 4.7 + 3.3 = 5.2 + (4.7 + 3.3) = 5.2 + 8 = 13.2$

② $\frac{4}{5} \times \frac{3}{7} \times \frac{5}{2} = \left(\frac{4}{5} \times \frac{5}{2}\right) \times \frac{3}{7} = 2 \times \frac{3}{7} = \frac{6}{7}$

③ $8 \times \frac{3}{7} + 6 \times \frac{3}{7} = (8 + 6) \times \frac{3}{7} = 14 \times \frac{3}{7} = 6$

④ $99.9 \times 30 = (100 - 0.1) \times 30 = 3000 - 3 = 2997$

⑤ $24 \times \left(\frac{1}{4} + \frac{1}{6}\right) = 24 \times \frac{1}{4} + 24 \times \frac{1}{6} = 6 + 4 = 10$

⑥ $3\frac{23}{25} \times 50 = \left(3 + \frac{23}{25}\right) \times 50 = 3 \times 50 + \frac{23}{25} \times 50 = 150 + 46 = 196$

⑦ $(1.2 + 2.6) \times 5 = 1.2 \times 5 + 2.6 \times 5 = 6 + 13 = 19$

⑧ $0.7 \times \frac{1}{4} + 0.3 \times \frac{1}{4} = (0.7 + 0.3) \times \frac{1}{4} = 1 \times \frac{1}{4} = \frac{1}{4}$

75

74ページ

1 わる数を逆数にしてかけます。整数は分母が1の分数になおして計算します。

2 $\dfrac{\triangle}{\square} \div \dfrac{\bullet}{\bigcirc} = \dfrac{\triangle \times \bigcirc}{\square \times \bullet}$

計算のとちゅうで約分できるときは、約分してから計算します。帯分数は仮分数になおして計算します。

75ページ

1 計算のきまりを使って、計算が簡単になるようにくふうします。

2 ②約分できる組み合わせを先に計算すると、計算が簡単になります。

③$\bigcirc \times \triangle + \square \times \triangle$
$= (\bigcirc + \square) \times \triangle$

⑤$\triangle \times (\bigcirc + \square)$
$= \triangle \times \bigcirc + \triangle \times \square$

おうちのかたへ
分数のわり算は、整数や帯分数を含むもの、約分できるものなど、色々なパターンの計算の練習をしましょう。

まとめのテスト 63　6年間の計算のまとめ
計算の順序①

学習 **76** ページ

時間 **20**分　　/100
合格 **80**点

答え **39** ページ

❶ 次の計算をしましょう。　　各9点(36点)

① $47-36÷6=47-6$
　　　　　　$=41$

② $8×11-23=88-23$
　　　　　　　$=65$

③ $6×4-21÷3=24-7$
　　　　　　　$=17$

④ $8+3-9÷3=11-3$
　　　　　　$=8$

❷ 次の計算をしましょう。　　各8点(64点)

① $\dfrac{9}{8}÷\dfrac{5}{6}-\dfrac{3}{4}=\dfrac{9×6}{8×5}-\dfrac{3}{4}$
　　　　　$=\dfrac{27}{20}-\dfrac{15}{20}$
　　　　　$=\dfrac{12}{20}=\dfrac{3}{5}$

② $\dfrac{1}{3}+\dfrac{1}{4}÷\dfrac{1}{5}=\dfrac{1}{3}+\dfrac{1×5}{4×1}$
　　　　　　$=\dfrac{4}{12}+\dfrac{15}{12}$
　　　　　　$=\dfrac{19}{12}\left(1\dfrac{7}{12}\right)$

③ $1\dfrac{1}{2}÷\dfrac{3}{4}+8×\dfrac{1}{2}=\dfrac{3}{2}×\dfrac{4}{3}+4$
　　　　　　　　$=2+4$
　　　　　　　　$=6$

④ $0.8×\dfrac{1}{2}-2÷5=0.4-0.4$
　　　　　　　　$=0$

⑤ $14-4.2÷\dfrac{7}{20}=14-\dfrac{42}{10}×\dfrac{20}{7}$
　　　　　　　$=14-12$
　　　　　　　$=2$

⑥ $13-2×2.5-3=13-5-3$
　　　　　　　　$=5$

⑦ $3÷10+4.9÷7=0.3+0.7$
　　　　　　　$=1$

⑧ $6×5.5-4×5=33-20$
　　　　　　$=13$

76

まとめのテスト 64　6年間の計算のまとめ
計算の順序②

学習 **77** ページ

時間 **20**分　　/100
合格 **80**点

答え **39** ページ

❶ 次の計算をしましょう。　　各9点(36点)

① $54÷(22-4)+1=54÷18+1$
　　　　　　　　$=3+1$
　　　　　　　　$=4$

② $(51-5)-15×3=46-45$
　　　　　　　$=1$

③ $(38+7)÷9÷3=45÷9÷3$
　　　　　　　$=5÷3$
　　　　　　　$=\dfrac{5}{3}\left(1\dfrac{2}{3}\right)$

④ $7×(5-3)÷6=7×2÷6$
　　　　　　　$=14÷6$
　　　　　　　$=\dfrac{14}{6}=\dfrac{7}{3}\left(2\dfrac{1}{3}\right)$

❷ 次の計算をしましょう。　　各8点(64点)

① $2+(1.4-1)×7=2+0.4×7$
　　　　　　　$=2+2.8$
　　　　　　　$=4.8$

② $(11+1)-1.6×5=12-8$
　　　　　　　$=4$

③ $3÷(2÷3)-\dfrac{1}{2}=3÷\dfrac{2}{3}-\dfrac{1}{2}$
　　　　　　　$=\dfrac{9}{2}-\dfrac{1}{2}$
　　　　　　　$=\dfrac{8}{2}=4$

④ $\left(\dfrac{1}{2}-\dfrac{1}{4}\right)+\dfrac{5}{8}×2=\dfrac{1}{4}+\dfrac{5}{4}$
　　　　　　　　$=\dfrac{6}{4}=\dfrac{3}{2}\left(1\dfrac{1}{2}\right)$

⑤ $4-\dfrac{4}{5}÷\left(10×\dfrac{2}{5}\right)$
　　$=4-\dfrac{4}{5}÷4$
　　$=4-\dfrac{1}{5}=\dfrac{19}{5}\left(3\dfrac{4}{5}\right)$

⑥ $21-\left(7.5+\dfrac{1}{2}\right)×2$
　　$=21-\left(7.5×2+\dfrac{1}{2}×2\right)$
　　$=21-(15+1)$
　　$=21-16=5$

⑦ $(3.9-0.9)÷\left(\dfrac{1}{2}-\dfrac{1}{3}\right)$
　　$=3÷\left(\dfrac{3}{6}-\dfrac{2}{6}\right)$
　　$=3÷\dfrac{1}{6}=18$

⑧ $5.2+0.8×\left(6.1-\dfrac{1}{10}\right)$
　　$=5.2+0.8×\left(\dfrac{61}{10}-\dfrac{1}{10}\right)$
　　$=5.2+0.8×6$
　　$=5.2+4.8=10$

77

76ページ

❶ 計算の順序に気をつけましょう。かけ算・わり算は、たし算・ひき算よりさきに計算します。

❷ 分数・小数を含むときでも、整数のときと同じようにかけ算・わり算をさきに計算します。

77ページ

❶ （　）の中をさきに計算します。そしてかけ算・わり算→たし算・ひき算の順に計算します。

❷ 分数・小数を含むときでも、整数のときと同じように（　）の中をさきに計算し、そのあとかけ算・わり算→たし算・ひき算の順に計算します。

🏠 **おうちのかたへ**

計算の順序は4年生で学習しました。計算する順番を間違えると答えが違ってしまうので、きまりをよく理解させましょう。

チャレンジコーナー 65 複雑な計算

答え 40ページ

例題 ★次の計算をしましょう。
① 1.8×2+6÷1.2　　② (3×9+10÷2.5)×2−2

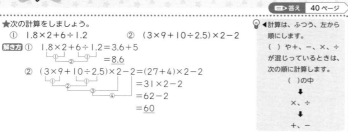

解き方 ① 1.8×2+6÷1.2＝3.6+5
　　　　　　＝8.6
② (3×9+10÷2.5)×2−2＝(27+4)×2−2
　　　　　　＝31×2−2
　　　　　　＝62−2
　　　　　　＝60

計算は、ふつう、左から順にします。
( )や+、−、×、÷が混じっているときは、次の順に計算します。

( )の中
↓
×、÷
↓
+、−

1 次の計算をしましょう。
① 0.6×8−3÷5＝4.8−0.6
　　　　＝4.2

② 0.6×(8−3)÷5＝0.6×5÷5
　　　　＝0.6

③ (0.6×8−3)÷5＝(4.8−3)÷5
　　　　＝1.8÷5
　　　　＝0.36

④ 0.6×(8−3÷5)＝0.6×(8−0.6)
　　　　＝0.6×7.4
　　　　＝4.44

2 次の計算をしましょう。
① 10−1.3×4−4.5
＝10−5.2−4.5
＝0.3

② 1.2+(8−5)×0.5−0.7
＝1.2+3×0.5−0.7
＝1.2+1.5−0.7
＝2

③ 2×(4×0.4−0.2×7)+0.6
＝2×(1.6−1.4)+0.6
＝2×0.2+0.6
＝0.4+0.6＝1

④ 9.6÷3−1.8+(14−10)×3
＝3.2−1.8+4×3
＝1.4+12
＝13.4

⑤ (25−7)÷(31−22)−(10−8)×$\frac{1}{2}$
＝18÷9−2×$\frac{1}{2}$
＝2−1
＝1

⑥ 8×(9−3÷2)−5÷4
＝8×(9−1.5)−1.25
＝8×7.5−1.25
＝60−1.25
＝58.75

チャレンジコーナー 66 計算のしかたのくふう

答え 40ページ

例題 ★くふうして、14÷17×85÷84 の答えを求めましょう。

解き方 14÷17×85÷84＝$\frac{14}{1}×\frac{1}{17}×\frac{85}{1}×\frac{1}{84}$

　　　＝$\frac{14×85}{17×84}$

　　　＝$\frac{5}{6}$

×、÷の混じった計算では、分数を使って、×だけの式になおすと、計算が簡単になることがあります。

1 次の計算をしましょう。
① 21×28÷12＝$\frac{21×28×1}{1×1×12}$
　　　　＝49

② 52÷$\frac{1}{9}$÷39＝$\frac{52×9×1}{1×1×39}$
　　　　＝12

③ 125÷35÷25＝$\frac{125×1×1}{1×35×25}$

　　　　＝$\frac{1}{7}$

④ 7.5÷17×1.02＝$\frac{75×1×102}{10×17×100}$

　　　　＝$\frac{9}{20}$

⑤ $\frac{7}{10}$÷13×91÷42＝$\frac{7×1×91×1}{10×13×1×42}$

　　　　＝$\frac{7}{60}$

⑥ 17÷357÷$\frac{1}{7}$＝$\frac{17×1×7}{1×357×1}$

　　　　＝$\frac{1}{3}$

2 2.5＝10÷4、1.25＝10÷8 の関係を使って、次の計算をしましょう。
① 3.6×2.5
＝3.6×10÷4
＝36÷4
＝9

② 48×1.25
＝48×10÷8
＝480÷8
＝60

78ページ

1 ( )の中→かけ算・わり算→たし算・ひき算の順に計算します。
　③( )の中に×と−があるので、さきに×を計算します。
　④( )の中に−と÷があるので、さきに÷を計算します。

2 ②まず( )の中、次に×を計算します。
　③まず( )の中の4×0.4と0.2×7をそれぞれ計算します。

79ページ

1 ③35 と 25 をそれぞれ逆数にしてかけます。
　④7.5、1.02 は分数になおし、17 は逆数にしてかけます。分母の 17 と分子の 102 が 17 で約分できます。

おうちのかたへ
( )や+、−、×、÷が混じった複雑な式でも、きまりにしたがっていねいに計算することが大切です。

40

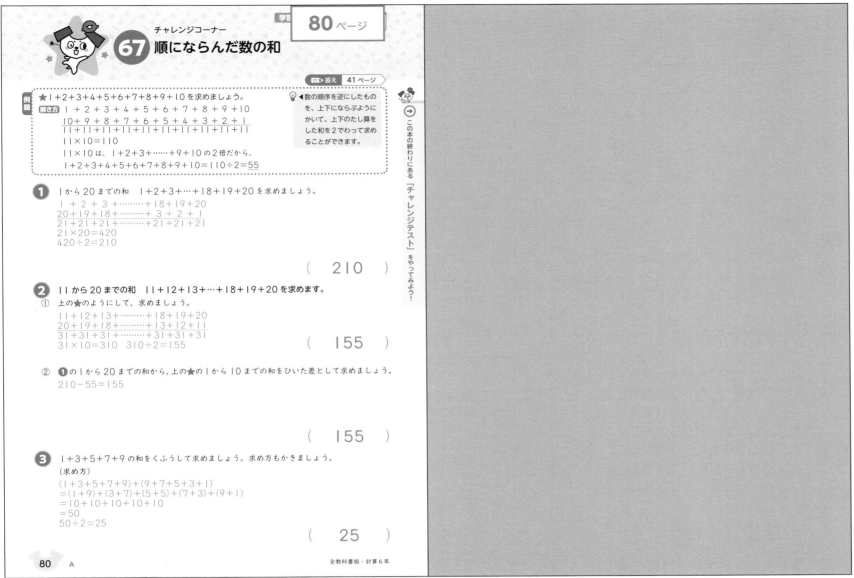

チャレンジコーナー

67 順にならんだ数の和

答え 41 ページ

例題 ★1+2+3+4+5+6+7+8+9+10 を求めましょう。

解き方
$1 + 2 + 3 + 4 + 5 + 6 + 7 + 8 + 9 + 10$
$10 + 9 + 8 + 7 + 6 + 5 + 4 + 3 + 2 + 1$
$11+11+11+11+11+11+11+11+11+11$
$11×10＝110$
11×10 は、1+2+3+……+9+10 の2倍だから、
1+2+3+4+5+6+7+8+9+10＝110÷2＝55

💡◀ 数の順序を逆にしたものを、上下にならぶようにかいて、上下のたし算をした和を2でわって求めることができます。

→ この本の終わりにある「チャレンジテスト」をやってみよう!

1 1から20までの和 1+2+3+…+18+19+20 を求めましょう。
$1 + 2 + 3 + ……… +18+19+20$
$20+19+18+………+ 3 + 2 + 1$
$21+21+21+………+21+21+21$
$21×20＝420$
$420÷2＝210$

(210)

2 11から20までの和 11+12+13+…+18+19+20 を求めます。
① 上の★のようにして、求めましょう。
$11+12+13+………+18+19+20$
$20+19+18+………+13+12+11$
$31+31+31+………+31+31+31$
$31×10＝310　310÷2＝155$

(155)

② **1**の1から20までの和から、上の★の1から10までの和をひいた差として求めましょう。
$210-55＝155$

(155)

3 1+3+5+7+9 の和をくふうして求めましょう。求め方もかきましょう。
(求め方)
$(1+3+5+7+9)+(9+7+5+3+1)$
$=(1+9)+(3+7)+(5+5)+(7+3)+(9+1)$
$=10+10+10+10+10$
$=50$
$50÷2＝25$

(25)

1 上の例題と同じように、順序を逆にしたものを上下にならぶようにかいて、上下の数をたします。これらはすべて 21 になっていて、全部で 20 こあるので、21×20。これが求めたい和の2こ分なので、2でわって求めます。

2 ①11＋20＝31 で、11 から 20 までは 10 この整数なので、31×10＝310。これが求めたい和の2こ分なので、2でわって求めます。

3
$1 + 3 + 5 + 7 + 9$
$9 + 7 + 5 + 3 + 1$
$\overline{10+10+10+10+10}$
$10×5＝50$
$50÷2＝25$

🏠 **おうちのかたへ**
よく使う方法なので、覚えさせましょう。慣れると上下に書かなくても計算できるようになります。

41

6年 チャレンジテスト①

月 日

名前

⏱時間 **40分**　合格70点　／100

答え42ページ➡

❶ 次の計算をしましょう。　各2点(12点)

① $\dfrac{2}{5} \times \dfrac{2}{3} = \dfrac{4}{15}$

② $\dfrac{5}{8} \times \dfrac{4}{7} = \dfrac{5}{14}$

③ $1\dfrac{1}{8} \times \dfrac{2}{3}$
　$= \dfrac{9}{8} \times \dfrac{2}{3} = \dfrac{3}{4}$

④ $\dfrac{5}{6} \times 0.8$
　$= \dfrac{5}{6} \times \dfrac{4}{5} = \dfrac{2}{3}$

⑤ $2.1 \times \dfrac{1}{3} \times 8$
　$= \dfrac{21}{10} \times \dfrac{1}{3} \times 8$
　$= \dfrac{28}{5}\left(5\dfrac{3}{5}\right)$

⑥ $2\dfrac{3}{5} \times 1.6 \times \dfrac{5}{12}$
　$= \dfrac{13}{5} \times \dfrac{16}{10} \times \dfrac{5}{12}$
　$= \dfrac{26}{15}\left(1\dfrac{11}{15}\right)$

❷ 次の計算をしましょう。　各2点(12点)

① $\dfrac{3}{8} \div \dfrac{9}{10}$
　$= \dfrac{3}{8} \times \dfrac{10}{9} = \dfrac{5}{12}$

② $\dfrac{7}{10} \div \dfrac{2}{15}$
　$= \dfrac{7}{10} \times \dfrac{15}{2} = \dfrac{21}{4}\left(5\dfrac{1}{4}\right)$

③ $2\dfrac{1}{4} \div \dfrac{3}{8}$
　$= \dfrac{9}{4} \times \dfrac{8}{3} = 6$

④ $1\dfrac{4}{5} \div 1.2$
　$= \dfrac{9}{5} \times \dfrac{10}{12} = \dfrac{3}{2}\left(1\dfrac{1}{2}\right)$

⑤ $\dfrac{5}{6} \div 0.3 \div 1\dfrac{1}{3}$
　$= \dfrac{5}{6} \div \dfrac{3}{10} \div \dfrac{4}{3}$
　$= \dfrac{5}{6} \times \dfrac{10}{3} \times \dfrac{3}{4}$
　$= \dfrac{25}{12}\left(2\dfrac{1}{12}\right)$

⑥ $\dfrac{3}{8} \div 12 \div \dfrac{5}{16}$
　$= \dfrac{3}{8} \times \dfrac{1}{12} \times \dfrac{16}{5}$
　$= \dfrac{1}{10}$

❸ 次の計算をしましょう。　各2点(12点)

① $\dfrac{1}{2} \div \dfrac{4}{5} \times \dfrac{2}{3}$
　$= \dfrac{1}{2} \times \dfrac{5}{4} \times \dfrac{2}{3}$
　$= \dfrac{5}{12}$

② $\dfrac{5}{6} \times \dfrac{8}{9} \div \dfrac{1}{3}$
　$= \dfrac{5}{6} \times \dfrac{8}{9} \times 3$
　$= \dfrac{20}{9}\left(2\dfrac{2}{9}\right)$

③ $0.3 \div \dfrac{2}{5} \times 1.4$
　$= \dfrac{3}{10} \times \dfrac{5}{2} \times \dfrac{14}{10}$
　$= \dfrac{21}{20}\left(1\dfrac{1}{20}\right)$

④ $\dfrac{5}{2} \div 1.5 \times \dfrac{1}{3}$
　$= \dfrac{5}{2} \times \dfrac{10}{15} \times \dfrac{1}{3}$
　$= \dfrac{5}{9}$

⑤ $5 \div 0.8 \div 1.5$
　$= 5 \times \dfrac{10}{8} \times \dfrac{10}{15}$
　$= \dfrac{25}{6}\left(4\dfrac{1}{6}\right)$

⑥ $2.4 \div 3.6 \times 2.5$
　$= \dfrac{24}{10} \times \dfrac{10}{36} \times \dfrac{25}{10}$
　$= \dfrac{5}{3}\left(1\dfrac{2}{3}\right)$

❹ 縦の長さが x cm、横の長さが16cmの長方形があります。　各4点(8点)

① 長方形の周の長さを y cm として、x と y の関係を式に表しましょう。

$\left(y = (x + 16) \times 2\right)$

② 長方形の周の長さが54cmのとき、縦の長さは何cmですか。

$54 = (x + 16) \times 2$
$x + 16 = 27$
$x = 27 - 16 = 11$

$\left(\qquad 11\,cm \qquad\right)$

❺ 次の x にあてはまる数を求めましょう。　各3点(12点)

① $x - 6.5 = 3.4$
　$x = 3.4 + 6.5 = 9.9$

② $32 + x = 59$
　$x = 59 - 32 = 27$

$\left(\quad x = 9.9 \quad\right)$　$\left(\quad x = 27 \quad\right)$

③ $x \div 4 = 7.2$
　$x = 7.2 \times 4 = 28.8$

④ $x \times 8 = 168$
　$x = 168 \div 8 = 21$

$\left(\quad x = 28.8 \quad\right)$　$\left(\quad x = 21 \quad\right)$

チャレンジテスト① おもて

❶ 分数のかけ算では、分母どうし、分子どうしをそれぞれかけます。計算のとちゅうで約分できるときは、約分してから計算します。
③帯分数は仮分数になおして計算します。
④小数は分数になおして計算します。
⑤小数は分数に、整数は分母が1の分数になおして計算します。3つの数のかけ算の場合も、同じように分母どうし、分子どうしをそれぞれかけます。
⑥帯分数は仮分数に、小数は分数になおして計算します。

❷ 分数のわり算では、わる数の逆数をかけます。
計算のとちゅうで約分できるときは、約分してから計算します。
③帯分数は仮分数になおして計算します。
④1.2を分数になおして、さらに逆数にしてかけます。
⑤0.3を分数にして、$1\dfrac{1}{3}$ を仮分数にして、さらにどちらも逆数にしてかけます。
⑥12を分母が1の分数になおして、さらに逆数にしてかけます。$\dfrac{5}{16}$ も逆数にしてかけます。

❸ 分数のかけ算とわり算の混じった式は、かけ算だけの式になおして計算します。計算のとちゅうで約分できるときは、約分してから計算します。
①わる数 $\dfrac{4}{5}$ を逆数にしてかけます。
②わる数 $\dfrac{1}{3}$ を逆数にしてかけます。
③小数は分数になおして計算します。
④1.5は分数になおし、さらに逆数にしてかけます。
⑤整数、小数は分数になおして計算します。0.8、1.5がわる数なのでどちらも逆数にしてかけます。
⑥小数は分数になおして計算します。3.6はわる数なので逆数にしてかけます。

❹ ①長方形の周の長さ
　＝(縦の長さ＋横の長さ)×2
②①で表した式の y に54をあてはめて計算します。

❺ ①x と6.5の差が3.4なので、$x = 6.5 + 3.4$ で求められます。
③x を4つに分けた1つ分が7.2なので、$x = 7.2 \times 4$ で求められます。

6 次の□にあてはまる数をかきましょう。　各3点(12点)

① $\frac{3}{5}$ 時間は 36 分

② 100 分は $\frac{5}{3}$ 時間

③ 800 m の $\frac{4}{5}$ は 640 m

④ 1800 円の $\frac{2}{3}$ は 1200 円

7 次の⑦から⑰のうち、答えが 24 より大きくなるものを
すべて選んで、記号で答えましょう。　（全部できて 3点）

⑦ $24 \times \frac{2}{3}$　　⑦ $24 \times \frac{5}{4}$　　⑰ 24×1

⑤ $24 \div \frac{1}{5}$　　⑰ $24 \div 2\frac{1}{3}$　　⑰ $24 \div 1$

（　⑦、⑤　）

8 次の問いに答えましょう。　各3点(9点)

① 底辺の長さが $\frac{7}{6}$ cm、高さが $\frac{4}{5}$ cm の三角形の面積を
求めましょう。
$$\frac{7}{6} \times \frac{4}{5} \div 2 = \frac{7}{6} \times \frac{4}{5} \times \frac{1}{2} = \frac{7}{15}$$

（　$\frac{7}{15}$ cm² ）

② 縦 $\frac{8}{3}$ cm、横 $2\frac{1}{4}$ cm、高さ $\frac{6}{7}$ cm の直方体の体積を
求めましょう。
$$\frac{8}{3} \times 2\frac{1}{4} \times \frac{6}{7} = \frac{8}{3} \times \frac{9}{4} \times \frac{6}{7} = \frac{36}{7}$$

（　$\frac{36}{7}$ cm³ ）

③ 面積が $\frac{65}{4}$ cm² である長方形の縦の長さが $\frac{15}{2}$ cm の
とき、横の長さを求めましょう。
$$\frac{65}{4} \div \frac{15}{2} = \frac{65}{4} \times \frac{2}{15} = \frac{13}{6}$$

（　$\frac{13}{6}$ cm ）

9 次の円の面積を求めましょう。　各4点(12点)

① 半径8cm の円
$8 \times 8 \times 3.14 = 200.96$

（200.96 cm²）

② 直径 24 cm の円
$24 \div 2 = 12$
$12 \times 12 \times 3.14 = 452.16$

（452.16 cm²）

③ 円周 43.96 cm の円
直径は、$43.96 \div 3.14 = 14$（cm）
半径は、$14 \div 2 = 7$（cm）
$7 \times 7 \times 3.14 = 153.86$

（153.86 cm²）

10 下の図形の色のついた部分の面積を求めましょう。
各4点(8点)

①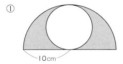
$10 \times 10 \times 3.14 \div 2$
$-5 \times 5 \times 3.14$
$= 78.5$

（ 78.5 cm² ）

②
$4 \times 4 \times 3.14 \div 4$
$-4 \times 4 \div 2$
$= 4.56$
$4.56 \times 2 = 9.12$

（ 9.12 cm² ）

チャレンジテスト① うら

6 ① 1時間＝60 分だから、$\frac{3}{5}$ 時間
は 60 分の $\frac{3}{5}$ で、
$$60 \times \frac{3}{5} = 36（分）$$

② 100 分は 60 分の何倍にあた
るかを考えて、
$$100 \div 60 = \frac{5}{3}（時間）$$

③ $800 \times \frac{4}{5} = 640$（m）

④ $1200 \div \frac{2}{3} = 1200 \times \frac{3}{2}$
$= 1800$（円）

7 24 に 1 より大きい数をかけると
24 より大きい答えになり、24
を 1 より小さい数でわると、24
より大きい答えになります。

8 ①三角形の面積
＝底辺×高さ ÷2
辺の長さが分数のときも、面積
の公式が使えます。÷2 を
$\times \frac{1}{2}$ にして計算しましょう。

②直方体の体積＝縦×横×高さ
辺の長さが分数のときも、体積
の公式が使えます。

③長方形の面積＝縦×横
なので、
横の長さ＝面積÷縦の長さ
で計算します。わる数を逆数に
してかけて計算します。

9 円の面積＝半径×半径×3.14
②直径÷2 で半径の長さを求め
てから面積の計算をしましょう。
③円周の長さ＝直径 ×3.14 より、
円周の長さから、まず直径を求
めます。次に、直径÷2 で半
径を求めて、面積の公式にあて
はめます。

10 ①半径 10 cm の半円の面積から、
直径 10 cm の円の面積をひい
て求めます。

②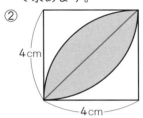

上の図のように、色のついた部
分を、同じ大きさの2つの部分
にわけます。
この 1 つは、半径 4 cm の円の
面積の 4 分の 1 から、底辺の長
さが 4 cm、高さが 4 cm の三
角形の面積をひいたものです。
これを 2 倍して求めます。

43

6年 チャレンジテスト②

名前

月　日

⏱時間 40分　合格70点　／100

答え44ページ▶

❶ 次の比の値を求めましょう。　各3点(12点)

① 4:6
$$\frac{4}{6}=\frac{2}{3}$$

② 1.2:3
$$1.2÷3=\frac{6}{5}×\frac{1}{3}=\frac{2}{5}$$

$$\left(\quad \frac{2}{3}\quad\right)$$　$$\left(\quad \frac{2}{5}\quad\right)$$

③ $\frac{1}{3}:\frac{2}{5}$
$$\frac{1}{3}÷\frac{2}{5}=\frac{1}{3}×\frac{5}{2}=\frac{5}{6}$$

④ $\frac{1}{6}:\frac{3}{2}$
$$\frac{1}{6}÷\frac{3}{2}=\frac{1}{6}×\frac{2}{3}=\frac{1}{9}$$

$$\left(\quad \frac{5}{6}\quad\right)$$　$$\left(\quad \frac{1}{9}\quad\right)$$

❷ 次の比を簡単にしましょう。　各3点(12点)

① 0.12:1.5
=12:150
=2:25

② $\frac{9}{4}:6$
=9:24
=3:8

$$(\quad 2:25\quad)$$　$$(\quad 3:8\quad)$$

③ $3.5:\frac{15}{4}$
$$=(3.5×4):\left(\frac{15}{4}×4\right)$$
$$=14:15$$

④ $\frac{2}{3}:1.1$
=2:3.3
=20:33

$$(\quad 14:15\quad)$$　$$(\quad 20:33\quad)$$

❸ 次の x にあてはまる数を求めましょう。　各3点(12点)

① 2:5=x:30
30÷5=6
x=2×6=12

② 0.5:1.5=2:x
2÷0.5=4
x=1.5×4=6

$$(\quad 12\quad)$$　$$(\quad 6\quad)$$

③ $\frac{1}{3}:\frac{1}{2}=x:9$
$9÷\frac{1}{2}=18$
$x=\frac{1}{3}×18=6$

④ $\frac{3}{8}:\frac{4}{5}=15:x$
$15÷\frac{3}{8}=40$
$x=\frac{4}{5}×40=32$

$$(\quad 6\quad)$$　$$(\quad 32\quad)$$

❹ 次の四角形ABCDは四角形EFGHの縮図です。　各4点(12点)

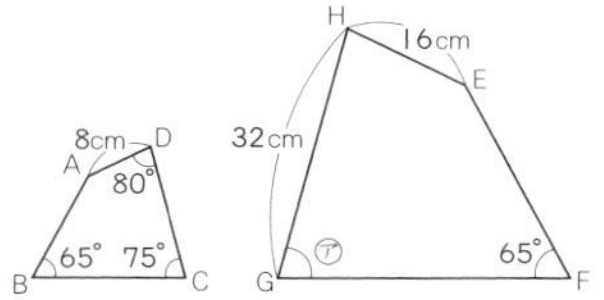

① 角⑦の大きさは何度ですか。

$$(\quad 75°\quad)$$

② 四角形ABCDは四角形EFGHの何分の1の縮図になっていますか。

$$\left(\quad \frac{1}{2}\quad\right)$$

③ 辺DCの長さは何cmですか。

$$(\quad 16\ cm\quad)$$

❺ 次の図は、1cmの方眼紙にかいた図形です。それぞれのおよその面積を求めましょう。　各4点(8点)

① 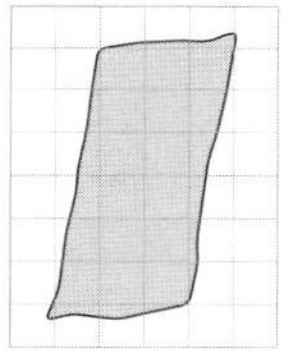
3×6=18

$$(約\ 18\ cm^2)$$

② 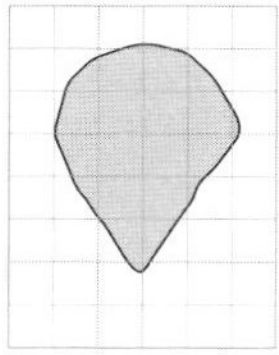
2×2×3.14÷2
+4×3÷2
=6.28+6
=12.28

$$(約\ 12.28\ cm^2)$$

チャレンジテスト②(表)　　　●うらにも問題があります。

チャレンジテスト② おもて

❶ くらべる量がもとにする量の何倍になっているかを表すのが比の値です。

$a:b$ で表される比の値は、$a÷b$ で求められます。

❷ 比を、それと等しい比でできるだけ小さい整数の比になおすことを、「比を簡単にする」といいます。

①両方の数に100をかけて12:150、6でわって2:25。

②両方の数に4をかけて9:24、3でわって3:8。

③両方の数に4をかけて14:15

④両方の数に3をかけて2:3.3、10をかけて20:33

❸ ①30÷5=6
左側の比の両方の数に6をかけたものが右側の比になっています。

②2÷0.5=4
左側の比の両方の数に4をかけたものが右側の比になっています。

③$9÷\frac{1}{2}=18$
左側の比の両方の数に18をかけたものが右側の比になっています。

④$15÷\frac{3}{8}=40$
左側の比の両方の数に40をかけたものが右側の比になってい

ます。

❹ 頂点Aと頂点E、頂点Bと頂点F、頂点Cと頂点G、頂点Dと頂点Hが対応しています。

①角⑦に対応するのはCの角だから、75°です。

②四角形ABCDの辺ADと四角形EFGHの辺EHが対応しているので、$\frac{8}{16}=\frac{1}{2}$ の縮図になっています。

③辺DCは四角形EFGHの辺HGに対応しているので、
54÷3=18(cm)

❺ ①底辺が3cm、高さが6cmの平行四辺形とみて、
平行四辺形の面積
=底辺×高さ
の公式より求めます。

②半径が2cmの半円と、底辺の長さが4cm、高さが3cmの三角形を合わせた形とみて、
円の面積=半径×半径×3.14
三角形の面積
=底辺×高さ÷2
の公式より求めます。

6 100mの長さを2cmで表した地図があります。

各4点(12点)

① この地図の縮尺は何分の1ですか。
100m＝10000cm
$\frac{2}{10000}＝\frac{1}{5000}$

$\left(\ \frac{1}{5000}\ \right)$

② 実際の長さが1kmの道のりは、この地図では何cmになりますか。
1km＝100000cm
100000÷5000＝20

(20 cm)

③ この地図上で縦0.8cm、横1.5cmの長方形の形をした公園の、実際の面積は何m²ですか。
0.8×5000＝4000
1.5×5000＝7500
4000cm＝40m、7500cm＝75m
40×75＝3000

(3000 m²)

7 次の表は、水そうに水を入れるときの、入れ始めてからの時間 x 分と、水の深さ y cmの関係を表したものです。

各3点(12点)

x（分）	1	2	3	①	9
y（cm）	⑦	3	4.5	9	13.5

① 表の⑦、①にあてはまる数をかきましょう。

⑦(1.5) ①(6)

② x と y の関係を式に表しましょう。

$\left(y＝1.5×x\right)$

③ 水の深さが24cmになるのは、水を入れ始めてから何分後ですか。
24÷1.5＝16

(16分後)

8 次の表は、体積が150cm³の直方体の底面積 x cm²と、高さ y cmの関係を表したものです。

各3点(12点)

x（cm²）	6	10	15	25	①
y（cm）	25	⑦	10	6	5

① 表の⑦、①にあてはまる数をかきましょう。

⑦(15) ①(30)

② x と y の関係を式に表しましょう。

$\left(y＝150÷x\right)$

③ 高さが12.5cmのときの底面積は何cm²ですか。
150÷12.5＝12

(12 cm²)

9 次の立体の体積を求めましょう。

各4点(8点)

①

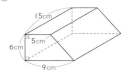

(5＋9)×6÷2＝42
42×15＝630

(630 cm³)

②

4×4×3.14－2×2×3.14
＝50.24－12.56＝37.68
37.68×10＝376.8

(376.8 cm³)

チャレンジテスト② うら

6 ①実際の長さと地図上の長さの単位をそろえてから計算します。
10000cmを2cmで表しているので、縮尺は、
$\frac{2}{10000}＝\frac{1}{5000}$ となります。

②1kmを $\frac{1}{5000}$ にした長さを求めます。単位に注意しましょう。

③縦、横それぞれの実際の長さを求めてから、面積を計算します。
縦は、実際の長さの $\frac{1}{5000}$ が0.8cmなので、0.8cmを5000倍します。同じように、横は、実際の長さの $\frac{1}{5000}$ が1.5cmなので、1.5cmを5000倍します。
それぞれ単位をmになおしてから面積を計算しましょう。

7 ①x が1から2で2倍になっているので、y の⑦を2倍すると3になります。
⑦＝3÷2＝1.5
y が3から9で3倍になっているので、x の2を3倍すると①になります。
①＝2×3＝6

②y はいつも x の1.5倍になっています。

③②の式の y に24をあてはめて計算します。

8 ①直方体の体積＝縦×横×高さ
＝底面積×高さ
なので、x と y の積はいつも150になっています。
⑦＝150÷10＝15
①＝150÷5＝30

③②の式の y に12.5をあてはめて計算します。

9 ①底面が、上底5cm、下底9cm、高さ6cmの台形で、高さが15cmの四角柱です。

②底面が、半径4cmの円から半径2cmの円をのぞいた形、高さが10cmの立体です。
底面が半径4cm、高さ10cmの円柱の体積から、底面が半径2cm、高さ10cmの円柱の体積をひいて求めます。
または、半径4cmの円の面積から、半径2cmの円の面積をひいた底面積を求めてから、高さ10cmをかけて体積を求めます。

 メモ

メモ